烘焙快乐厨房

# 人气蛋糕在家做

黎国雄◎主编

图书在版编目（CIP）数据

人气蛋糕在家做 / 黎国雄主编. -- 哈尔滨:黑龙江科学技术出版社，2018.1（2022.7重印）
（烘焙快乐厨房）
ISBN 978-7-5388-9401-1

Ⅰ.①人… Ⅱ.①黎… Ⅲ.①蛋糕－糕点加工 Ⅳ.①TS213.2

中国版本图书馆CIP数据核字(2017)第273184号

# 人气蛋糕在家做

RENGQI DANGAO ZAIJIA ZUO

作　　者　黎国雄
责任编辑　马远洋
摄影摄像　深圳市金版文化发展股份有限公司
策编辑划　深圳市金版文化发展股份有限公司
封面设计　深圳市金版文化发展股份有限公司
出　　版　黑龙江科学技术出版社
　　　　　地址：哈尔滨市南岗区公安街70-2号　邮编：150007
　　　　　电话：（0451）53642106　传真：（0451）53642143
　　　　　网址：www.lkcbs.cn
发　　行　全国新华书店
印　　刷　河北松源印刷有限公司
开　　本　685 mm×920 mm　1/16
印　　张　13
字　　数　120千字
版　　次　2018年1月第1版
印　　次　2022年7月第2次印刷
书　　号　ISBN 978-7-5388-9401-1
定　　价　68.00元

# preface
# 前言

在人们生活水平逐步提高的现代社会中，食物的意义也在逐步得到升华。食物不仅仅是维系生命的必需品，更成了享受生活的重要途径之一。在追逐美味的道路上，蛋糕以它独特的口感，越来越得到大众的宠爱。

面粉、鸡蛋、黄油、糖这些看似简单的配料，通过巧妙的搭配，总能带来奇迹般的变化。朴素的食材，经过双手的巧妙加工，就能制作出各有特色的蛋糕。蛋糕是节日中爱的表达，是休闲时刻饭后的点缀，即使是一次极为平常的小聚会，美味的蛋糕总是不会缺席。它总能带给我们惊喜，带给我们温暖，带给我们不一样的感受。

很多人想学做蛋糕，但又不知道如何下手，选择哪些食材、哪些工具。怎样加工食材做出蛋糕，依然是头疼的问题。为此，本书分为六大部分，第一部分帮您挑选做蛋糕常用的食材和工具，让您在选择时不迷茫。余下几部分则把蛋糕进行分类，精心为您挑选戚风蛋糕、海绵蛋糕、芝士蛋糕等不同的蛋糕种类，让您清晰分辨，掌握每种蛋糕制作的方法。让新手的您简单掌握，上手即会；让“选择困难症”的您，不再纠结；让烘焙高手的您，也能从中轻松选择中意的类型。

走进厨房，在悠闲的时光中，做出饱含美味与情意的蛋糕，让一家人都能体会到蛋糕带来的温馨与快乐。

LOVE
love
LOVE

# Contents
# 目录

## Part 1 蛋糕基础知识

002------ 制作蛋糕的常用工具
008------ 制作蛋糕的常用材料
016------ 蛋糕制作常见问题的解决方法和制作关键
018------ 蛋糕体的制作

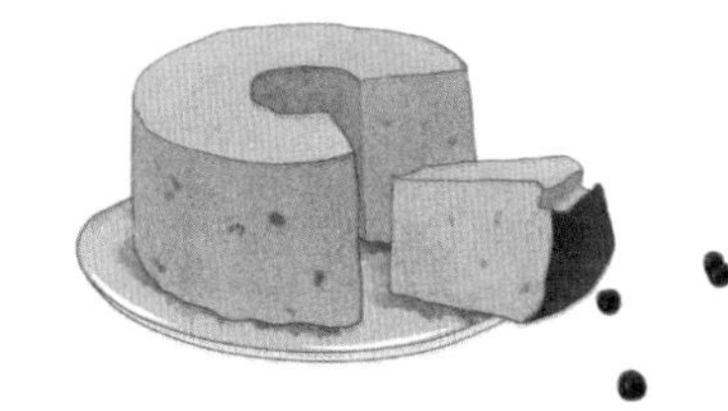

## Part 2 经典蛋糕

028------ 瑞士蛋糕
030------ 棉花蛋糕
031------ 抹茶年轮蛋糕
032------ 法兰西依士蛋糕
034------ 甜蜜时光
036------ 咸味火腿蛋糕
038------ 巧克力年轮蛋糕
040------ 水晶蛋糕
042------ 焦糖布丁蛋糕
044------ 巧克力水果蛋糕
046------ 法式巧克力蛋糕
048------ 巧克力甜甜圈
049------ 布丁蛋糕
050------ 咖啡提子玛芬
052------ 奶油麦芬蛋糕
054------ 红豆蛋糕
056------ 枸杞蛋糕
058------ 巧克力奶油麦芬蛋糕
060------ 猕猴桃巧克力麦芬
062------ 红豆天使蛋糕

## Part 3 戚风蛋糕

066------ 可可戚风蛋糕
068------ 香草蛋糕
070------ 哈密瓜蛋糕
072------ 蔓越莓蛋糕
074------ 栗子鲜奶蛋糕
075------ 蛋白奶油酥
076------ 抹茶提拉米苏
078------ 年轮蛋糕
080------ 提子蛋卷
082------ 北海道戚风蛋糕
084------ 枕头戚风蛋糕
086------ 咖啡卷
088------ 萌爪爪奶油蛋糕卷
090------ 红豆戚风蛋糕
092------ 迷你蛋糕
093------ QQ 雪卷
094------ 杏仁戚风蛋糕
096------ 红豆戚风蛋糕卷
098------ 狮皮香芋蛋糕
100------ 翡翠蛋卷
102------ 紫薯蛋糕卷
104------ 巧克力毛巾卷
106------ 核桃戚风蛋糕
107------ 斑马蛋糕卷
108------ 全麦蛋糕

## Part 4 海绵蛋糕

112------ 那提巧克力
114------ 香蕉蛋糕
115------ 无水蛋糕
116------ 香橙吉士蛋糕
118------ 维也纳蛋糕
120------ 格格蛋糕
122------ 马力诺蛋糕
124------ 寿司蛋糕卷
126------ 杏仁哈雷蛋糕
127------ 巧克力海绵蛋糕
128------ 抹茶蜂蜜蛋糕
130------ 蜂蜜海绵蛋糕
132------ 香草布丁蛋糕
134------ 柳橙蛋糕
136------ 脆皮蛋糕
137------ 巧克力杯子蛋糕
138------ 原味蛋糕

## Part 5 重油蛋糕

142------ 浓情布朗尼
144------ 玛芬蛋糕
145------ 风味玉米蛋糕
146------ 柠檬玛芬
148------ 奶茶磅蛋糕
150------ 熔岩蛋糕
152------ 奶油蛋糕
154------ 巧克力麦芬蛋糕
156------ 玛黑莉巧克力蛋糕
157------ 土豆球蛋糕
158------ 黑樱桃蛋糕
160------ 坚果巧克力蛋糕
162------ 椰蓉果酱蛋糕
164------ 布朗尼蛋糕
166------ 绿茶芝士棒
167------ 超软巧克力蛋糕
168------ 抹茶蛋糕杯

## Part 6 芝士蛋糕＆慕斯蛋糕

172------ 芝士蛋糕
174------ 南瓜芝士蛋糕
176------ 奶油苹果蛋糕
178------ 红莓芝士蛋糕
180------ 柠檬冻芝士蛋糕
182------ 舒芙蕾
184------ 红豆乳酪蛋糕
186------ 草莓千层蛋糕
188------ 水蜜桃慕斯蛋糕
190------ 咖啡慕斯蛋糕
192------ 提拉米苏
194------ 白巧克力香橙慕斯
196------ 绿茶慕斯蛋糕
198------ 巧克力慕斯蛋糕

Part 1

# 蛋糕基础知识

本章为大家介绍了制作蛋糕的常用工具和材料，也介绍了一些入门技巧和制作蛋糕时需要掌握的问题，让您在制作过程中游刃有余。

# 制作蛋糕的常用工具

## 01 烤箱

烤箱可以用来烤制饼干、点心、蛋糕和面包等食物。它是一种密封的电器，同时也具备烘干的作用。

## 02 电子秤

准确控制材料的量是成功制作蛋糕的第一步，电子秤是烘焙中非常重要的工具，它适合在西点制作中用于称量需要准确分量的材料。

## 03 量杯

量杯的杯壁上一般都有容量标识，可以用来量取液体材料，如水、奶等。但要注意读数时的刻度，量取时还要恰当地选择适合的量程。

## 04 量勺

量勺通常是塑料或者不锈钢材质的，是圆形或椭圆状、带有小柄的一种浅勺，主要用来盛液体或细碎的物体。

## 05 电动搅拌器

电动搅拌器包含一个电机身，配有打蛋头和搅面棒两种搅拌头。电动搅拌器可以使搅拌工作更加快速，使材料搅拌得更加均匀。

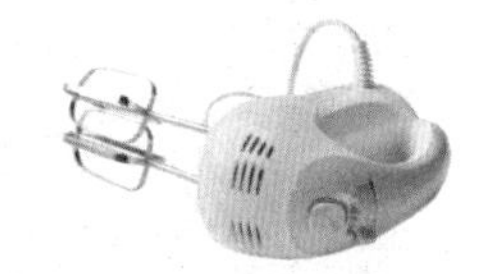

## 06 ▶ 蛋白分离器

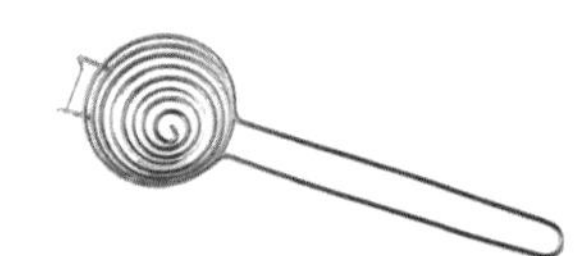

蛋白分离器有不锈钢材质和塑料材质两种，是一种专门用来分离蛋白和蛋黄的器具。

## 07 ▶ 长柄刮刀

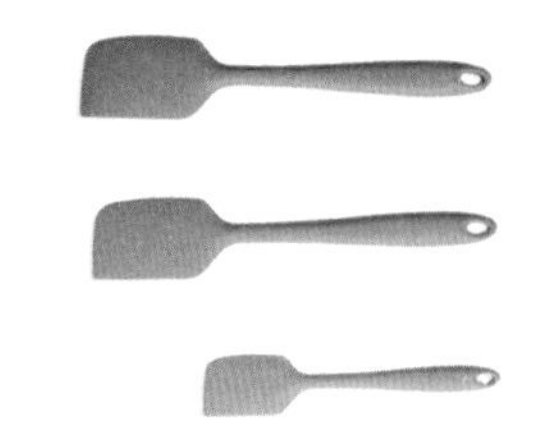

长柄刮刀是一种软质、如刀状的工具，是蛋糕制作中不可缺少的利器。它的作用是将各种材料拌匀，同时它可以将紧紧贴在碗壁的蛋糕糊刮得干干净净。

## 08 ▶ 筛子

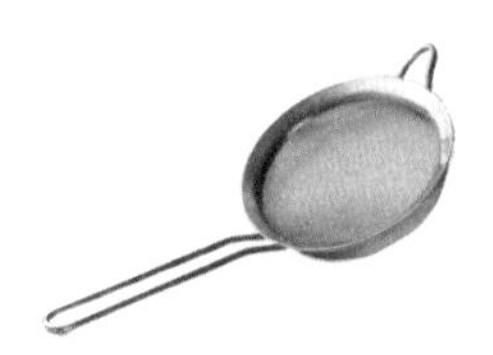

筛子一般都用不锈钢制成，是用来过滤面粉的烘焙工具。底部是漏网状的，用于过滤掉面粉中含有的其他杂质。

## 09 ▶ 刮板

刮板通常为塑料材质，用于揉面时铲面板上的面或压拌材料，也可以用来把整好形的小面团移到烤盘上去，还可以用于鲜奶油的装饰整形。

## 10 ▶ 玻璃碗

玻璃碗是指玻璃材质的碗，主要用来打发鸡蛋或搅拌面粉、糖、油和水等。制作蛋糕时，至少要准备两个以上玻璃碗。

## 11 擀面杖

擀面杖是中国一种古老的工具，用来压制面条、面皮，多为木质。一般长而大的擀面杖用来擀面条，短而小的擀面杖用来擀饺子皮，而在蛋糕制作中有协助作用。

## 12 手动搅拌器

手动搅拌器是制作蛋糕时必不可少的烘焙工具之一，可以用于打发蛋白、黄油等，但使用时费时费力，适合用于材料混合、搅拌等不费力气的步骤中。

## 13 裱花袋、裱花嘴

裱花袋是三角形状的塑料袋，裱花嘴是用于塑造奶油形状的圆锥形工具。一般是裱花嘴与裱花袋配套使用，把奶油挤出花纹定型在蛋糕上。

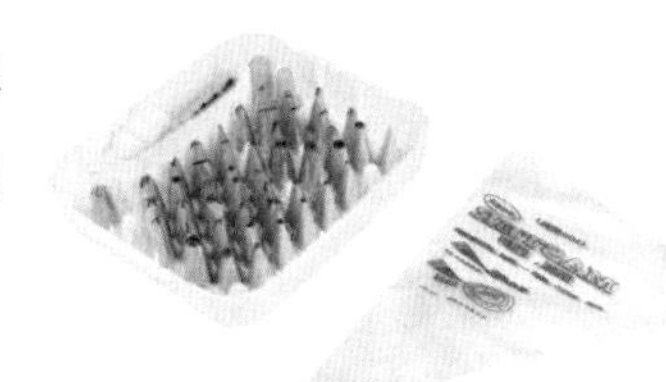

## 14 蛋糕脱模刀

蛋糕脱模刀长 20 ～ 30 厘米，一般是塑料或者不锈钢的。把蛋糕脱模刀紧贴蛋糕模壁轻轻地划一圈，倒扣蛋糕模，即可分离蛋糕与蛋糕模。

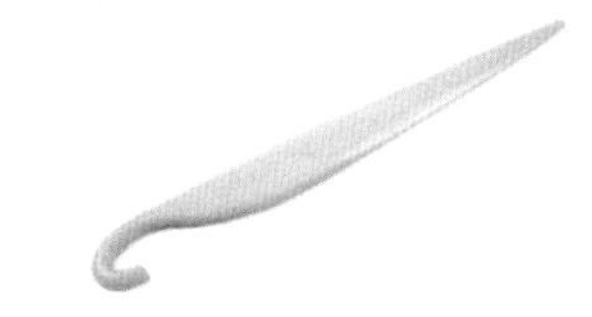

## 15 油刷

油刷长约 20 厘米，一般以硅胶为材质，质地柔软有弹性，且不易掉毛，用于制作蛋糕时在模具表面均匀抹油。

## 16 ▸ 保鲜膜

保鲜膜是人们用来保鲜食物的一种塑料包装制品，在烘焙中常常用于蛋糕放在冰箱保鲜、阻隔面团与空气接触等步骤。

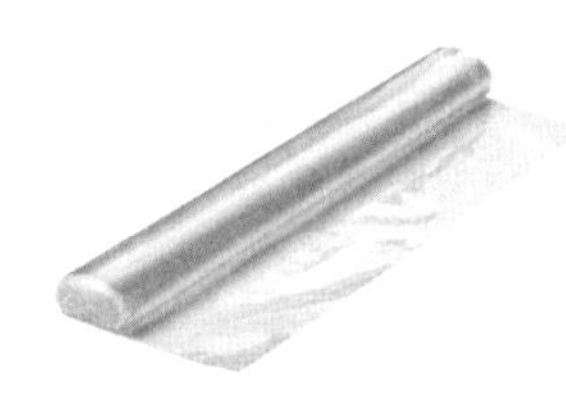

## 17 ▸ 奶油抹刀

奶油抹刀一般在蛋糕裱花的时候用来抹平奶油，或者在食物脱模的时候用来分离食物和模具，以及其他各种需要刮平或抹平的地方。

## 18 ▸ 烘焙纸

烘焙纸用于烘烤食物时垫在烤箱底部，防止食物粘在模具上面导致清洗困难，还可以保证食品的干净卫生。

## 19 ▸ 锡纸

锡纸多为银白色，实际上是铝箔纸。当食品需要烘烤时用锡纸包裹可防止烤焦，还能防止水分流失，保留食物的鲜味。

## 20 ▸ 活动蛋糕模

圆形活动蛋糕模，主要在制作戚风蛋糕、海绵蛋糕时使用。使用这种活底蛋糕模比较方便脱模。其常见规格一般为 20 厘米、27 厘米等。

## 21 不粘油布

不粘油布的表面光滑，不易黏附物质，并且耐高温，可反复使用。烘焙饼干、面包、蛋糕时垫于烤盘面上，防止粘底。

## 22 布丁模

布丁模一般是由陶瓷、玻璃制成的杯状模具，形状各异，可以用来做布丁等多种小点心，小巧实用，耐高温。使用完毕后可用白醋和水清洗。

## 23 塔模、派盘

塔模、派盘是制作塔类、派类点心的必要工具。塔模、派盘的规格很多，有不同大小、深浅、花边，可以根据需要购买。

## 24 硅胶垫

硅胶垫具有防滑功能，揉面时将它放在台面上便不会随便乱动，而且上面还有刻度，一举两得，清洗也非常方便。

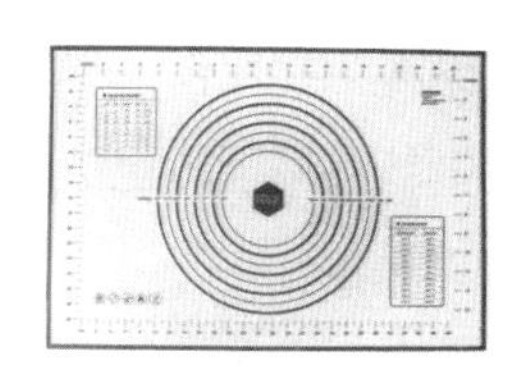

## 25 蛋糕纸杯

制作麦芬蛋糕或其他的纸杯蛋糕时需用到蛋糕纸杯。有很多种大小规格和花色可供选择，可以根据自己的爱好购买。

## 26 ▶ 电子计时器

电子计时器是一种用来计算时间的仪器。其种类很多，一般厨房计时器都是用来观察制作时间的，以免时间不够或者超时等。

## 27 ▶ 齿形面包刀

齿形面包刀形状如普通的厨房小刀，但刀面带有齿锯，一般用来切面包，也可以用来切蛋糕。

## 28 ▶ 烤箱温度计

测试烤箱温度或食物温度时需使用烤箱温度计。烤箱温度计的使用方法是，在预热的时候将温度计放入烤箱中，显示已达所需温度时即可放入食物烘烤。

# 制作蛋糕的常用材料

## 01 高筋面粉

高筋面粉的蛋白质含量在 12.5%～13.5%，色泽偏黄，颗粒较粗，不容易结块，比较容易产生筋性，适合用来做面包，有时也用来制作蛋糕。

## 02 低筋面粉

低筋面粉的蛋白质含量在 8.5%左右，色泽偏白，颗粒较细，容易结块，适合制作蛋糕、饼干等。

## 03 泡打粉

泡打粉作为膨松剂，一般是由碱性材料配合其他酸性材料制成，可用来制作气泡，使成品有膨松的口感，常用来制作西式点心。

## 04 塔塔粉

塔塔粉是一种酸性的白色粉末，用来中和蛋白的碱性，帮助增加蛋白泡沫的稳定性，并使材料颜色变白，常用于制作戚风蛋糕。

## 05 ▶ 玉米淀粉

玉米淀粉俗名六谷粉，白色微带淡黄色的粉末，在烘焙中起到使蛋糕加热后糊化的作用，使之变稠。

## 06 ▶ 奶粉

在制作西点时，使用的奶粉通常都是无脂无糖奶粉。在制作蛋糕、面包、饼干时加入一些奶粉可以增加风味。

## 07 ▶ 绿茶粉

绿茶粉是指在最大限度地保持茶叶原有营养成分的前提下，用绿茶茶叶粉碎而成的绿茶茶末，可以用来制作蛋糕、绿茶饼等。

## 08 ▶ 酵母

酵母是一种活的真菌，能够把糖发酵成酒精和二氧化碳，属于一种比较天然的发酵剂，能够使做出来的烘焙成品口感松软、味道纯正。

## 09 ▶ 芝士粉

芝士粉为黄色粉末状，带有浓烈的奶香味，大多用来制作面包、蛋糕以及饼干等，起到增加风味的作用。

## 10 ▶ 无糖可可粉

无糖可可粉中含可可脂，不含糖，带有苦味，容易结块，使用之前最好先过筛。

## 11 ▶ 香草粉

香草粉是表面性状为白色细粒结晶的粉末香料，含有香草的气味，是食品工业生产中常用的香料，能改善食品的口感，增加食品本身的独特香气。

## 12 ▶ 糖粉

糖粉一般都是洁白的粉末状，颗粒极其细小，含有微量玉米粉，直接过滤以后的糖粉可以用来制作西式的点心和蛋糕。

## 13 ▶ 细砂糖

细砂糖是经过提取和加工以后结晶颗粒较小的糖，可以用来增加食物的甜味，还有助于保持材料的湿度、香气。

## 14 ▶ 红糖

红糖有浓郁的焦香味。因为红糖容易结块，所以使用前要先过筛或者用水溶化。

## 15 ▶ 牛奶

营养学家认为，在人类饮食中，牛奶是营养成分最高的饮品之一。用牛奶代替水来和面，可以使面团更加松软、更具香味。

## 16 ▶ 黄油

黄油又叫乳脂、白脱油，是将牛奶中的稀奶油和脱脂乳分离后，使稀奶油成熟并经搅拌而成的。黄油一般应置于冰箱存放。

## 17 片状酥油

片状酥油是一种浓缩的淡味奶酪，由水乳制成，色泽微黄，在制作时要先刨成丝，经高温烘烤就会化开。

## 18 酸奶

酸奶是以新鲜的牛奶作为原料，经过有益菌发酵而成的，是一种很好的制作面包、蛋糕的添加剂。

## 19 淡奶油

淡奶油又叫动物淡奶油，是由牛奶提炼出来的，白色如牛奶状，但是比牛奶更为浓稠。淡奶油在打发前需要放在冰箱冷藏 8 小时以上。

## 20 吉利丁片

吉利丁片又称动物胶、明胶，呈透明片状，食用时需先以 5 倍的冷水泡开，可溶于 40℃的温水中，一般用于制作果冻及慕斯蛋糕。

## 21 ▶ 植物鲜奶油

植物鲜奶油也叫人造鲜奶油，大多数含有糖分，白色如牛奶状，同样比牛奶浓稠，打发后通常用于装饰糕点或制作慕斯。

## 22 ▶ 蜂蜜

蜂蜜即蜜蜂酿成的蜜，主要成分有葡萄糖、果糖、氨基酸，还有各种维生素和矿物质，是一种天然健康的食品。

## 23 ▶ 红豆

红豆为深红色，颗粒状。红豆有润肤养颜的作用，所以尤其受到女性朋友和儿童的喜爱。

## 24 ▶ 枫糖浆

枫糖浆香甜如蜜，风味独特，富含矿物质，而且它的甜度没有蜂蜜高，糖分含量约为 66%，是搭配面包、蛋糕成品的最佳食品。

## 25 葡萄干

葡萄干是由葡萄晒干加工而成的，味道鲜甜，不仅可以直接食用，还可以添加在糕点中加工成食品，供人品尝。

## 26 鸡蛋

鸡蛋的营养丰富，在制作面包、蛋糕的过程中常用到。鸡蛋最好放在冰箱内保存。

## 27 蔓越莓干

蔓越莓干又叫作蔓越橘、小红莓，经常用于面包、蛋糕的制作，可以增添烘焙甜品的口感。

## 28 核桃仁

核桃仁又叫作胡桃仁，口感略甜，带有浓郁的香气，是点心的最佳伴侣。烘烤前先用低温烤 5 分钟使其溢出香气，再加入面团中会更加美味。

## 29 ▶ 黑巧克力

黑巧克力由可可液块、可可脂、糖和香精制成，主要原料是可可豆。黑巧克力常用于制作蛋糕。

## 30 ▶ 白巧克力

白巧克力由可可脂、糖、牛奶以及香料制成，是一种不含有可可粉的巧克力，但含乳制品和糖分较多，因此甜度更高。

## 31 ▶ 椰蓉

椰蓉由椰子的果实加工而成，可以作为面包的夹心馅料，有独特的风味。

# 蛋糕制作常见问题的解决方法和制作关键

对于爱做蛋糕的你，可能在制作蛋糕的过程中会遇到各种问题，应该怎样解决呢？有什么关键因素来决定制作蛋糕的成败呢？就让我们为你一一解答吧！

下面出现的这些问题，是爱做蛋糕的你会经常遇到的问题，看看有多少是你一直弄不清楚的。

## 01 打蛋糕糊时，蛋糕油沉底变成硬块

解决方法：先把糖打至融化，再加入蛋糕油，快速打散，这样就可防止蛋糕油沉底。

## 02 蛋糕轻易断裂而且不柔软

解决方法：主要是原料中的蛋和油不够，要适当增加原料中蛋和油的分量。

## 03 蛋糕烤出来变得很白

解决方法：是由于烘烤过度引起的，调节炉温或烘烤时间可以解决这一问题。

## 04 蛋糕内部组织粗疏

解决方法：主要和搅拌有关，应当在高速搅拌后慢速排气。

## 05 蛋糕出炉后凹陷或回缩

解决方法：

①烤箱的温度最好能均匀散布，这样可使蛋糕受热相对均匀，周边烘烤程度与中央部分的不同削减，可防止蛋糕缩减；

②炉温要把握正确，前期用较暖和的炉温烘烤，后期炉温调低，延长烘烤时间，使蛋糕中央的水分与周边差别不能太大；

③在蛋糕尚未定型之前，不能打开炉门；

④出炉后立刻脱离烤盆，翻过来冷却；或出炉时，让烤盆拍打地板，使蛋糕受一次较大的摇动，减少后期缩减。

## 蛋糕很散，没有韧性

06

解决方法：鸡蛋的用量是影响蛋糕韧性的主要因素，只有增加鸡蛋的用量，蛋糕韧性才会明显提高。

## 蛋糕烤出来很硬

07

解决方法：

①面粉搅拌时间过长，使面粉起筋，搅拌时间应适当；

②原料中鸡蛋的用量太少，应适当增加鸡蛋的用量；

③原料中面粉太多，应适当减少；

④炉温低，烤的时间长，应适当控制烘烤的温度和烘烤时间；

⑤鸡蛋没有完全打发，应将鸡蛋完全打发。

## 蛋糕内有大孔洞

08

解决方法：

①原料用糖太多，糖的用量应严格参照原料配比；

②蛋糕糊未搅拌均匀，蛋糕糊拌打应均匀；

③泡打粉和面粉没有过筛；

④面糊水分不够，太干，应加大面糊的水分；

⑤烘烤时底火太大，应将底火调到合理的温度。

# 蛋糕体的制作

## 原味戚风蛋糕体制作

**原料**

蛋白 140 克
细砂糖 140 克
塔塔粉 2 克
泡打粉 2 克
蛋黄 60 克
水 30 毫升
食用油 30 毫升
低筋面粉 70 克
玉米淀粉 55 克

**做法**

**1.** 取一个玻璃碗，加入蛋黄、水、食用油、低筋面粉、玉米淀粉、30 克细砂糖、泡打粉，搅拌均匀。

**2.** 另取一碗，加入蛋白、110 克细砂糖、塔塔粉，用电动搅拌器搅拌成鸡尾状。

**3.** 将步骤 2 部分加入到蛋黄里，搅拌均匀。

**4.** 将搅拌好的面糊倒入模具中。

**5.** 模具入烤箱内以上火 180℃、下火 160℃烤 25 分钟。

**6.** 待 25 分钟后，取出烤盘放凉，即成原味戚风蛋糕体。

# 海绵蛋糕体制作

▶ **原料**

鸡蛋 4 个
低筋面粉 125 克
细砂糖 112 克
水 50 毫升
色拉油 37 毫升
蛋糕油 10 克

▶ **做法**

**1.** 将鸡蛋倒入碗中，放入细砂糖打发至起泡。
**2.** 加水、低筋面粉、蛋糕油，用电动搅拌器打发。
**3.** 加入色拉油，搅拌匀，制成面糊。
**4.** 取烤盘，铺上烘焙纸，倒入面糊，用刮板将面糊抹匀。
**5.** 将烤盘放入烤箱中，以上火 170℃、下火 190℃，烤 20 分钟至熟。
**6.** 取出烤盘，即成海绵蛋糕体。

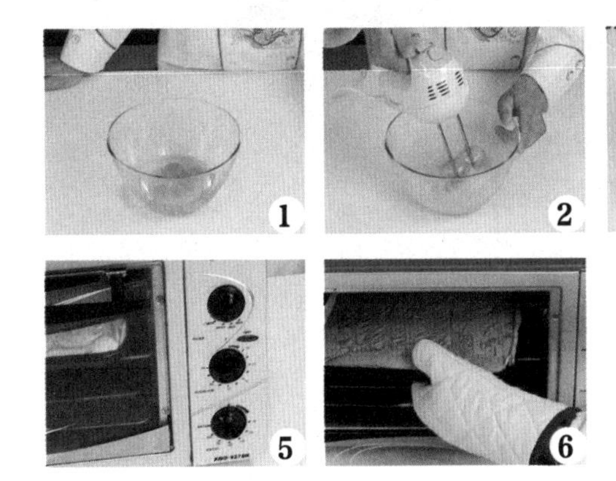

# 巧克力蛋糕体制作

▶ **原料**

鸡蛋 225 克，白糖 125 克，低筋面粉 75 克，玉米淀粉 25 克，可可粉 25 克，黄油 50 克，牛奶 14 毫升

▶ **做法**

**1.** 鸡蛋倒入大碗中，加入白糖，用电动搅拌器快速拌匀。

**2.** 放入低筋面粉、玉米淀粉、可可粉，加入牛奶，倒入黄油，搅拌均匀。

**3.** 把搅拌匀的材料倒入铺有烘焙纸的烤盘中，抹匀，将烤盘放入烤箱中，以上火 170℃、下火 170℃烤 15 分钟至熟，即成巧克力蛋糕体。

# 玛芬蛋糕体制作

▶ **原料**

糖粉 160 克，鸡蛋 220 克，低筋面粉 270 克，牛奶 40 毫升，盐 3 克，泡打粉 8 克，融化的黄油 150 克

▶ **做法**

**1.** 将鸡蛋、糖粉、盐倒入大碗中用电动搅拌器搅拌均匀。倒入融化的黄油，拌匀。

**2.** 低筋面粉、泡打粉过筛至大碗，用电动搅拌器搅匀。倒入牛奶不停地搅拌，制成面糊，将面糊倒入裱花袋中。

**3.** 把蛋糕纸杯放入烤盘中，挤入适量面糊，至七分满。

**4.** 将烤盘放入烤箱中，以上火 190℃、下火 170℃烤 20 分钟至熟，取出即可。

# 芝士蛋糕体制作

▶ **原料**

透明果酱适量
鸡蛋 4 个
奶油乳酪 150 克
黄油 60 克
牛奶 100 毫升
低筋面粉 25 克
塔塔粉 2 克
细砂糖 100 克
水适量

▶ **做法**

**1.** 鸡蛋打开，把蛋黄和蛋白分别装入两个碗中。
**2.** 牛奶、奶油乳酪、黄油、低筋面粉和蛋黄一起搅拌匀。
**3.** 将蛋白倒入玻璃碗中，用电动搅拌器将其打至起泡，加细砂糖和塔塔粉搅匀。
**4.** 将蛋黄和蛋白分次混合搅匀呈面糊状。
**5.** 将拌好的面糊倒入模具中。
**6.** 烤盘中注入适量水，将模具放入烤盘后进烤箱，以上火 220℃、下火 170℃烤 10 分钟，再把上火调成 170℃，烤至蛋糕呈金黄色，取出，刷上透明果酱，即可。

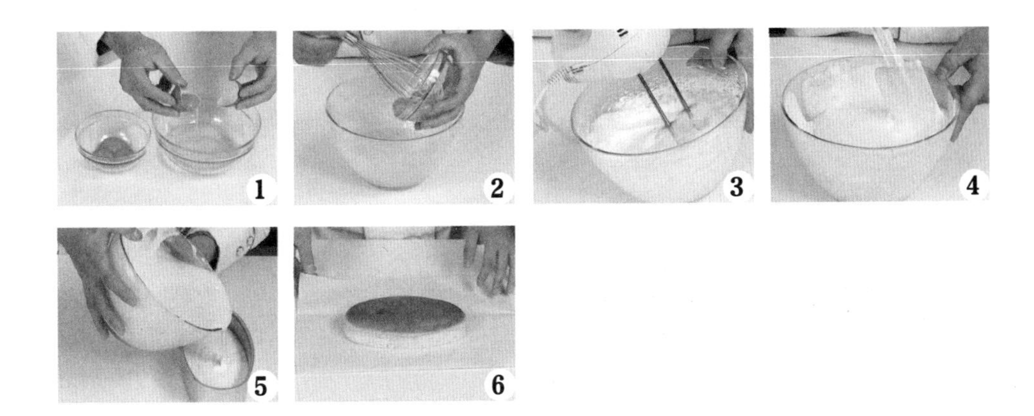

# 咖啡戚风蛋糕体制作

▶ **原料**

蛋白 120 克
细砂糖 110 克
塔塔粉 3 克
蛋黄 60 克
低筋面粉 70 克
玉米淀粉 55 克
泡打粉 2 克
水 30 毫升
色拉油 30 毫升
咖啡粉 10 克
细砂糖 30 克

▶ **做法**

**1.** 容器中倒入蛋黄、低筋面粉、玉米淀粉、泡打粉拌匀。

**2.** 倒入色拉油、细砂糖、水、咖啡粉打匀。

**3.** 另取一个容器，加入蛋白、细砂糖、塔塔粉，用电动搅拌器打至鸡尾状后倒入第一步的蛋黄面糊拌匀。

**4.** 将搅拌好的面糊倒入模具中，倒至八分满。

**5.** 将模具放入预热好的烤箱内，上火 180℃、下火 160℃烤 25 分钟至其松软，取出。

**6.** 脱模后即成咖啡戚风蛋糕体。

# 提拉米苏蛋糕体制作

▶ **原料**

蛋黄 50 克
白糖 80 克
水 80 毫升
吉利丁片 2 片
奶酪 400 克
黄油 400 克

▶ **做法**

**1.** 把吉利丁片放入水中浸泡 4 分钟，取出。
**2.** 锅置火上，倒入水 80 毫升、白糖，开小火，用搅拌器搅拌匀，煮至白糖溶化。
**3.** 倒入泡过的吉利丁片、黄油，搅匀，加入奶酪，煮至融化。
**4.** 倒入蛋黄，搅匀。
**5.** 用保鲜膜将模具的底部包好，再倒入煮好的材料，冷冻 2 小时。
**6.** 取出成品，去除保鲜膜，脱模，装入盘中。

# 圆坯制作

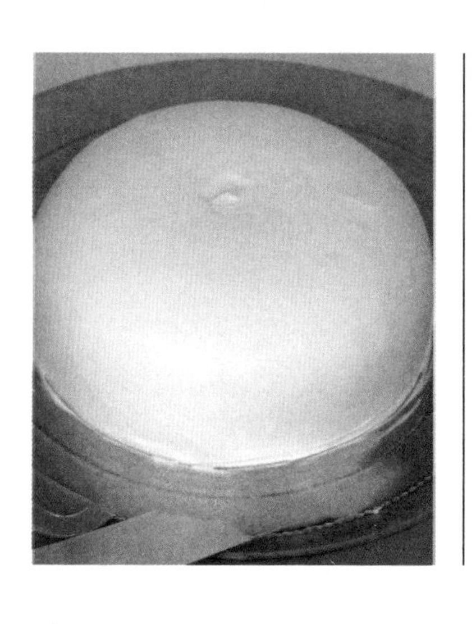

▶ **原料**

蛋糕体、奶油各适量

▶ **做法**

**1.** 在蛋糕上涂上一层奶油。抹刀向下压，转动转盘，把奶油刮到边缘。

**2.** 让抹刀垂直，把侧面的奶油刮平。

**3.** 用抹刀把蛋糕底部多出的奶油刮干净。

# 直角坯制作

▶ **原料**

蛋糕体、奶油各适量

▶ **做法**

**1.** 在蛋糕面上涂上一层奶油。

**2.** 刀子向下压，旋转转盘，把奶油铺到蛋糕边上。

**3.** 抹刀竖直 90°，转动转盘，把侧面奶油抹平。

**4.** 用三角刮板在边上刮出齿纹。

**5.** 把抹刀倾斜，把蛋糕高出平面的奶油刮平。

**6.** 把抹刀放平，抹平蛋糕面。把蛋糕底部多出的奶油刮干净。

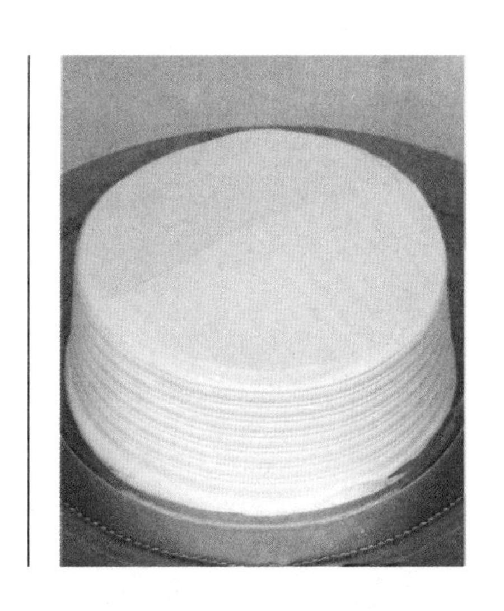

# 空心坯制作

**▶ 原料**

蛋糕体适量

奶油适量

**▶ 做法**

**1.** 在蛋糕体上涂上一层奶油。

**2.** 用抹刀向下压，把奶油推向边缘。

**3.** 抹刀竖直 90°，把侧面奶油抹平。

**4.** 刀子倾斜，把高出平面的奶油刮平。

**5.** 抹刀放平，把蛋糕面的奶油抹平。

**6.** 最后把抹刀放在圆心，垂直 90°，把中间的空心部分奶油挖出。

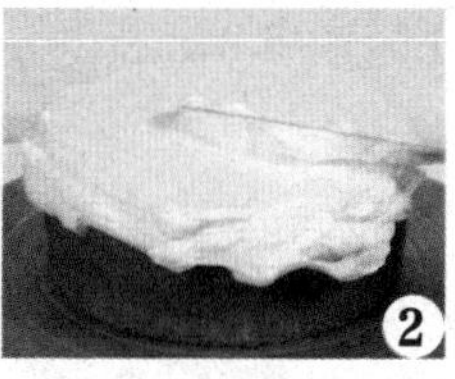


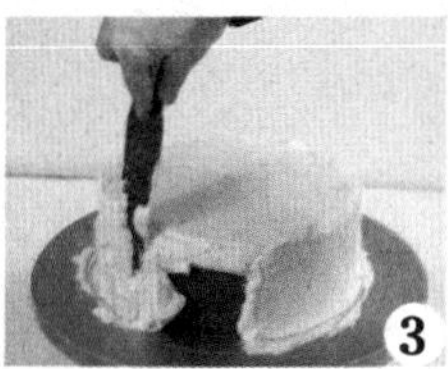


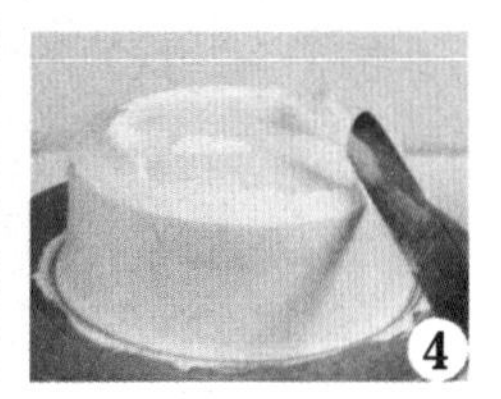

Part 2

# 经典蛋糕

经典蛋糕，味道经典而永恒，以多变的造型，不变的美味，来征服大众，每一种味道都是一份独立的存在。让我们走进经典蛋糕，来品味它独有的味道吧。

看视频学烘焙

# 「瑞士蛋糕」

烤制时间：20 分钟

## 材料 Material

鸡蛋------------4 个
低筋面粉---125 克
细砂糖------112 克
水---------- 50 毫升
色拉油---- 37 毫升
蛋糕油------- 10 克
蛋黄------------2 个
打发的鲜奶油适量

## 工具 Tool

电动搅拌器，玻璃碗，白纸，刮板，筷子，裱花袋，剪刀，烤箱，抹刀，蛋糕刀，木棍

## 做法 Make

**1.** 将鸡蛋倒入玻璃碗中，加入细砂糖，用电动搅拌器打发至起泡。
**2.** 倒入适量水，放入低筋面粉、蛋糕油，搅拌均匀。
**3.** 倒入剩余的水，加入色拉油，搅拌匀，制成面糊。
**4.** 取烤盘铺上白纸, 倒入面糊, 用刮板将面糊抹匀, 待用。
**5.** 将蛋黄拌匀, 倒入裱花袋中, 用剪刀将裱花袋尖端剪开。
**6.** 在面糊上快速地淋上蛋黄液，用筷子在面糊表层呈反方向划动。
**7.** 将烤盘放入烤箱中。
**8.** 把烤箱温度调成上火 170℃、下火 190℃，烤 20 分钟至熟，取出烤盘。
**9.** 在操作台上铺一张白纸，将蛋糕反铺在白纸上，撕掉粘在蛋糕上的白纸。
**10.** 在蛋糕表面均匀地抹上打发的鲜奶油。
**11.** 用木棍将白纸卷起, 把蛋糕卷成圆筒状, 静置 5 分钟。
**12.** 切去两边不平整的部分，切成两等份，即可。

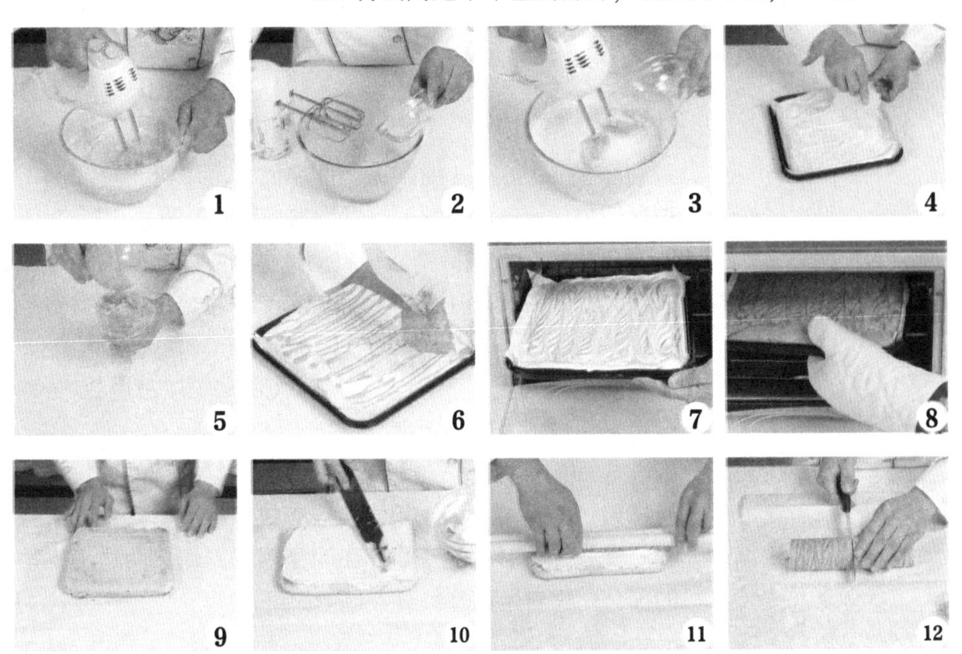

# 「棉花蛋糕」

**烤制时间：** 20 分钟

### 材料 Material

融化黄油---- 60 克
低筋面粉---- 80 克
牛奶------- 80 毫升
细砂糖------- 90 克
蛋黄---------- 90 克
蛋白---------- 75 克
盐-------------- 适量
香橙果酱----- 适量

### 工具 Tool

玻璃碗，电动搅拌器，白纸，烘焙纸，抹刀，木棍，蛋糕刀，烤箱

### 做法 Make

**1.** 将蛋黄、盐、1/3 细砂糖、低筋面粉、牛奶、黄油倒入玻璃碗中，用电动搅拌器打发均匀，制成面糊。

**2.** 在蛋白中加入细砂糖，用电动搅拌器打发均匀，制成蛋白部分，倒入面糊中，拌匀后倒在垫有烘焙纸的烤盘中，抹匀。

**3.** 将烤盘放入上、下火均调为 150℃的烤箱中，烤 20 分钟至熟，从烤箱中取出烤盘。

**4.** 在操作台上铺上一张烘焙纸，撕去蛋糕底部的烘焙纸，用抹刀抹上香橙果酱，用木棍连着烘焙纸将蛋糕卷成蛋糕卷，静置 5 分钟，卷开烘焙纸，用蛋糕刀切去两边不平整的部分，再对半切开，装入盘中即可。

# 「抹茶年轮蛋糕」

**煎制时间：**5分钟

## 材料 Material

牛奶------120毫升
低筋面粉---100克
细砂糖------- 25克
抹茶粉------- 10克
蛋白---------- 70克
蛋黄---------- 30克
色拉油---- 30毫升
糖粉----------- 适量
蜂蜜----------- 适量

## 工具 Tool

搅拌器，电动搅拌器，煎锅，筷子，蛋糕刀

## 做法 Make

**1.** 将蛋黄、牛奶、色拉油、低筋面粉、抹茶粉用搅拌器拌匀，待用。

**2.** 将蛋白、细砂糖用电动搅拌器打发均匀至奶白状，倒入打发好的蛋黄中，拌匀，制成面糊。

**3.** 面糊倒入煎锅，小火煎成面皮，刷上蜂蜜，用筷子将面皮卷起，定型放凉。

**4.** 将剩余的面糊煎成面皮，直至煎完为止。按照滚雪球的方式，依次放上之前卷起的面皮，沿着面皮的一端卷起，卷成大蛋糕卷。

**5.** 将蛋糕卷切段装盘，撒上糖粉即可。

# 「法兰西依士蛋糕」

**烤制时间：** 25 分钟

**材料 Material**

鸡蛋---------315 克
细砂糖------200 克
低筋面粉---250 克
色拉油---175 毫升
葡萄干------- 30 克
水---------100 毫升
瓜子仁-------- 适量
高筋面粉---250 克
酵母------------ 4 克
黄油---------- 35 克
蛋黄---------- 25 克

**工具 Tool**

刮板，电动搅拌器，长方形模具，烤箱，烘焙纸，玻璃碗

## 做法 Make

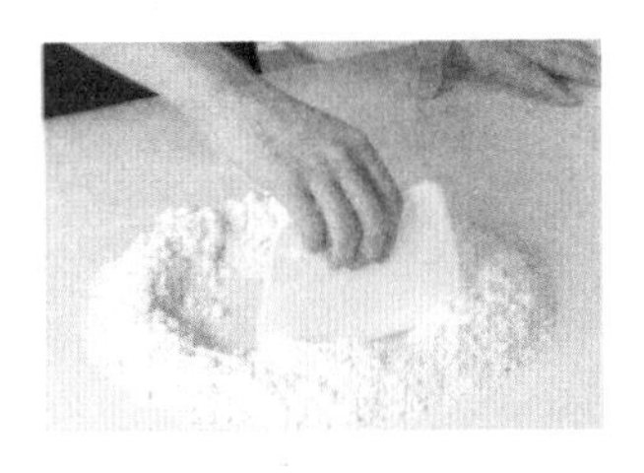

1. 将高筋面粉、酵母倒在面板上，用刮板拌匀铺开，倒入 50 克细砂糖、蛋黄，拌匀。

2. 加入 100 毫升水，用刮板拌匀，再用手按压成型，放入黄油，揉至表面光滑。

3. 将剩余细砂糖、鸡蛋倒入玻璃碗中，用电动搅拌器打发起泡，加入低筋面粉，分次慢慢地倒入色拉油，放入葡萄干，拌匀。

4. 将步骤 2 的面团撕成小块放入步骤 3 的面糊中，搅拌均匀，待用。

5. 长方形模具中垫上烘焙纸，倒上拌好的材料，约至七分满即可，撒上瓜子仁，备用。

6. 将模具放入烤箱中，以上火 200 ℃、下火 190 ℃烤 25 分钟至熟，取出待凉，切片即可。

看视频学烘焙

# 「甜蜜时光」

煎制时间：5分钟

## 材料 Material

牛奶------120 毫升
低筋面粉---100 克
蛋黄------------2 个
蛋白------------2 个
色拉油---- 30 毫升
细砂糖------- 25 克
蜂蜜----------- 适量

## 工具 Tool

筛网，煎锅，白纸，刷子，筷子，玻璃碗，搅拌器，蛋糕刀，电动搅拌器

## 做法 Make

**1.** 将牛奶、色拉油、蛋黄倒入玻璃碗中，搅拌均匀。
**2.** 将低筋面粉过筛至玻璃碗中，搅拌均匀，备用。
**3.** 另取一玻璃碗，倒入蛋白、细砂糖，用电动搅拌器打发后，倒入备好的蛋黄中拌匀，制成面糊。
**4.** 煎锅置于火上，倒入适量面糊，小火煎至表面起泡。翻面，煎至两面呈金黄色，制成面皮。
**5.** 在操作台上铺一张白纸，放上煎好的面皮，刷上适量蜂蜜，用筷子将面皮卷成卷，放凉。
**6.** 煎锅中再倒入适量面糊，按照以上做法煎制面皮。
**7.** 再把煎好的面皮放在白纸上，刷上适量蜂蜜。
**8.** 在面皮的一端放上之前卷好的面皮，卷成卷，放凉待用。
**9.** 将一块煎好的面皮放在白纸上，刷上适量蜂蜜。
**10.** 继续在面皮的一端放上之前卷好的面皮，卷成卷。
**11.** 用手按住蛋糕卷，轻轻地取出筷子，再切成段，做成年轮蛋糕。
**12.** 将切好的年轮蛋糕装入盘中，再刷上适量蜂蜜即可。

# 「咸味火腿蛋糕」

**烤制时间：** 25~30 分钟

## 材料 Material

水---------- 70 毫升
鲜奶------- 33 毫升
色拉油---- 50 毫升
低筋面粉---- 95 克
玉米淀粉---- 19 克
蛋黄---------100 克
蛋白---------200 克
砂糖---------100 克
塔塔粉---------3 克
食盐------------3 克
火腿丁------- 40 克

## 工具 Tool

搅拌器，长柄刮板，模具，烤箱，电动搅拌器，搅拌盆

## 做法 Make

**1.** 把水、鲜奶、色拉油混合拌匀，加入低筋面粉、玉米淀粉，搅拌至无粉粒状。

**2.** 加入蛋黄搅拌成光亮的面糊，再加入火腿丁搅拌均匀，待用。

**3.** 把蛋白、塔塔粉、砂糖、食盐倒在一起，先慢后快，打发至鸡尾状。

**4.** 把步骤 3 分次加入步骤 2 中完全拌匀。

**5.** 将面糊倒入烤盘内的模具内，约九分满。

**6.** 入炉以 170°C的炉温烤 25~30 分钟，完全熟透后出炉,脱模倒放,冷却即可。

# 「巧克力年轮蛋糕」

煎制时间：5 分钟

## 材料 Material

细砂糖------- 25 克
可可粉------- 10 克
食用油---- 30 毫升
蛋黄------------2 个
蛋白------------2 个
牛奶------120 毫升
低筋面粉---100 克
蜂蜜----------- 少许
白巧克力----- 适量
草莓----------- 适量

## 工具 Tool

玻璃碗，搅拌器，白纸，电动搅拌器，长柄刮板，筛网，三角铁板，裱花袋，煎锅，筷子，剪刀，刷子，蛋糕刀

## 做法 Make

**1.** 隔水加热融化白巧克力，制成白巧克力液。

**2.** 将牛奶、食用油、蛋黄倒入玻璃碗，用搅拌器搅拌均匀。将低筋面粉、可可粉过筛至碗中，拌匀，备用。

**3.** 另取一个玻璃碗，倒入蛋白、细砂糖，用电动搅拌器打发至鸡尾状。

**4.** 将打发好的蛋白部分倒入备好的蛋黄部分中，用长柄刮板拌匀，制成面糊。

**5.** 煎锅置于火上，倒入适量面糊，用小火煎至表面起泡，用三角铁板翻面，煎至两面熟透。

**6.** 在案台上铺一张白纸，放上煎好的面皮，刷上少许蜂蜜。

**7.** 用筷子将面皮卷成卷，静置一会儿，放凉待用。

**8.** 依此将剩余的面糊煎成面皮，放在白纸上，刷上少许蜂蜜。

**9.** 在面皮的一端放上之前卷好的面皮，再慢慢地卷成卷。

**10.** 用手按住蛋糕卷，轻轻地取出筷子，再切成段，制成年轮蛋糕。

**11.** 把融化的白巧克力液装入裱花袋中，尖端部位剪开一个小口。

**12.** 在年轮蛋糕上快速地挤上白巧克力液，放上适量草莓装饰即可。

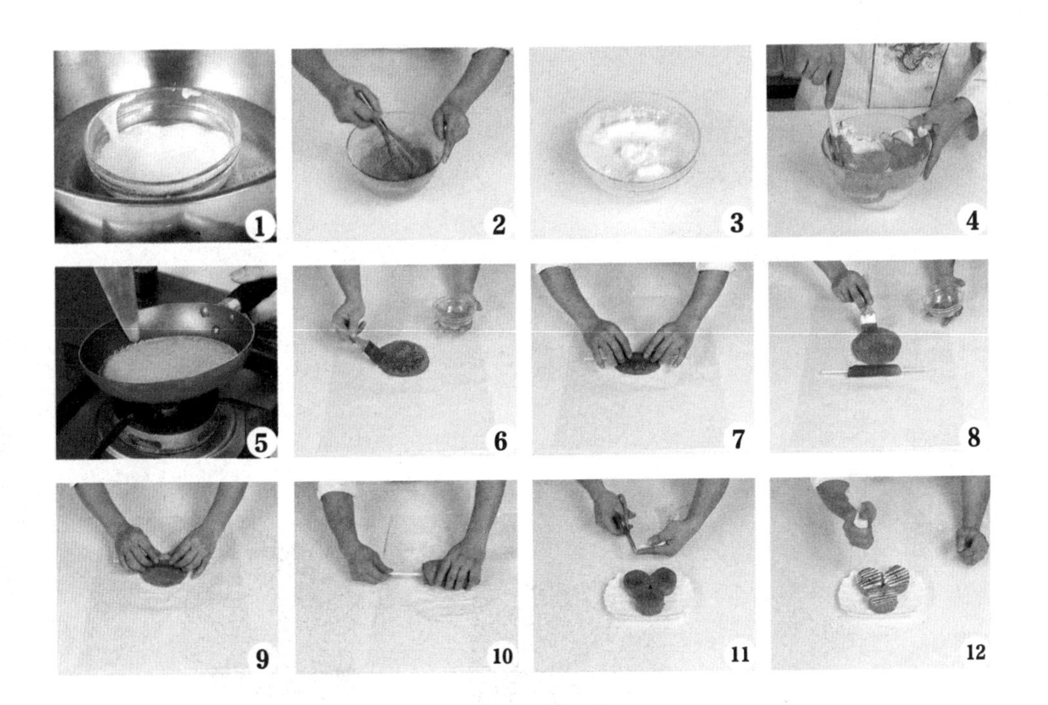

# 「水晶蛋糕」

**制作时间：**约 25 分钟

看视频学烘焙

## 材料 Material

戚风蛋糕体--- 1 个
打发的植物鲜奶油适量
菠萝果肉---- 50 克
黄桃果肉---- 50 克
巧克力片---- 40 克
香橙果膏---- 50 克
猕猴桃--------- 1 个
提子----------- 适量

## 工具 Tool

小刀，蛋糕刀，抹刀，转盘

## 做法 Make

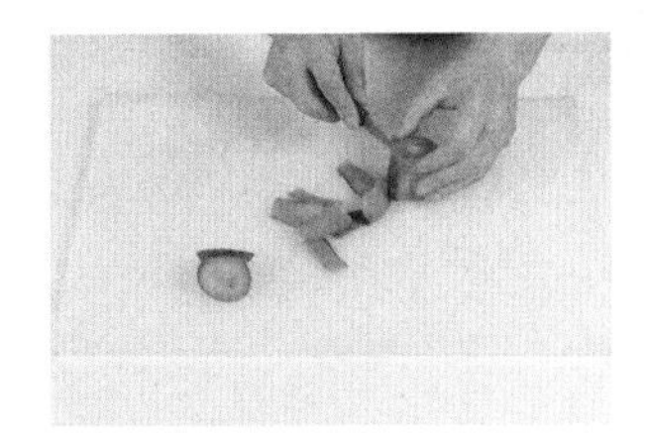

1. 猕猴桃洗净去皮，用小刀在猕猴桃上切一圈齿轮花刀，掰成两半；依此将提子也切成两瓣。

2. 把蛋糕体放在转盘上，用蛋糕刀在其 2/3 处平切成两块。

3. 在切口上抹一层植物鲜奶油，然后盖上另一块蛋糕。

4. 转动转盘，同时在蛋糕上涂抹植物鲜奶油，至其包裹住整个蛋糕。

5. 用抹刀将奶油抹匀，再倒上香橙果膏，使其裹满整个蛋糕。

6. 把蛋糕装入盘中，再置于转盘上，在蛋糕底侧粘上巧克力片，放上备好的水果即可。

# 「焦糖布丁蛋糕」

**烤制时间：** 45 分钟

## 材料 Material

焦糖：
水---------254 毫升
砂糖---------144 克
果冻粉---------9 克
布丁：
鲜奶------150 毫升
水---------150 毫升
砂糖---------110 克
全蛋---------300 克
蛋糕体：
水---------- 60 毫升
液态酥油 120 毫升
鲜奶------- 90 毫升
低筋面粉---125 克
玉米淀粉---- 18 克
蛋黄---------- 90 克
蛋白---------170 克
砂糖---------- 90 克
塔塔粉---------3 克
食盐------------2 克

## 工具 Tool

搅拌器，电动搅拌器，模具，刷子，烤箱，筛网，长柄刮板

## 做法 Make

**1.** 将 14 毫升水与 70 克的砂糖混合拌匀，边搅拌边加热到 120℃至金黄色。

**2.** 加入 240 毫升水、74 克砂糖和 9 克果冻粉，边搅边用小火加热至沸腾，离火。

**3.** 过滤，倒入底部刷了酥油的模具内备用。

**4.** 把布丁部分的鲜奶、水、砂糖倒在一起，隔热水搅拌均匀至糖溶，加入全蛋搅拌均匀。

**5.** 过滤，倒入完全冷却凝固的步骤 3 中。

**6.** 把水、液态酥油、鲜奶混合拌匀。

**7.** 加入低筋面粉、玉米淀粉，拌至无粉粒，加入蛋黄拌至光亮，待用。

**8.** 把蛋白、砂糖、塔塔粉、食盐倒在一起，先慢后快，用电动搅拌器打至鸡尾状。

**9.** 将步骤 8 分次加入步骤 7 中完全拌匀。

**10.** 倒入步骤 5 中，装九分满。

**11.** 烤盘内加约 150 毫升的水。

**12.** 入炉以 170℃的炉温约烤 45 分钟，烤至完全熟透出炉，冷却后脱模。

# 「巧克力水果蛋糕」

**制作时间：** 约 25 分钟

看视频学烘焙

## 材料 Material

戚风蛋糕体--- 1 个
提子---------- 50 克
打发的植物鲜奶油适量
黑巧克力果膏80 克
黑巧克力片- 40 克
猕猴桃--------- 1 个
白巧克力------ 2 片
黄桃------------ 1 个

## 工具 Tool

小刀，蛋糕刀，抹刀，转盘

## 做法 Make

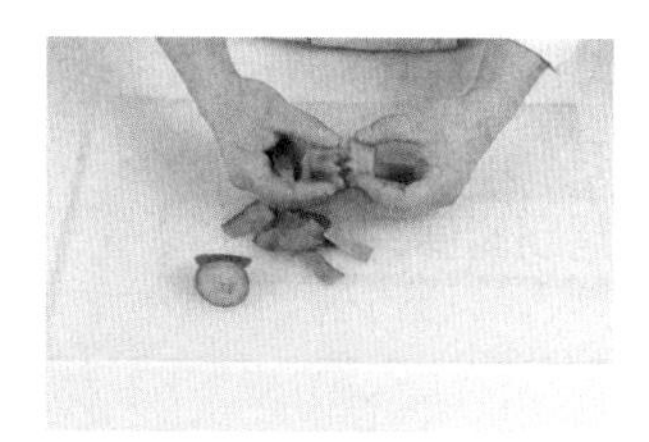

**1.** 猕猴桃洗净去皮，用小刀在猕猴桃上切一圈齿轮花刀，掰开成两半。

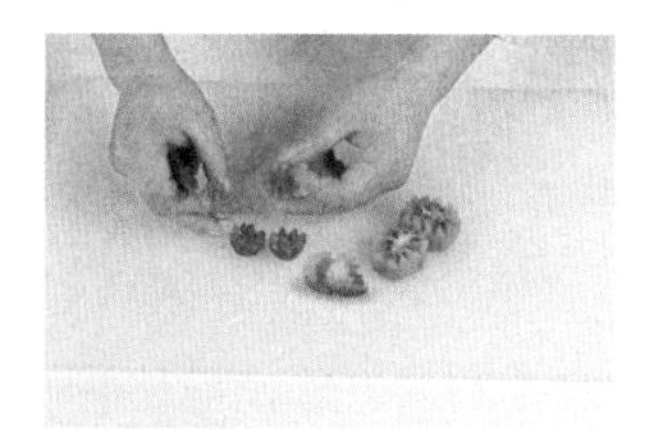

**2.** 依此将提子、黄桃切成两瓣。

**3.** 把戚风蛋糕体放在转盘上，用蛋糕刀在其 2/3 处平切成两块。

**4.** 在切口用抹刀抹上一层植物鲜奶油，盖上另一块蛋糕。

**5.** 转动转盘，同时在蛋糕上涂抹植物鲜奶油，至包裹住整个蛋糕。

**6.** 用抹刀将奶油抹匀，倒上黑巧克力果膏，用抹刀将其裹满整个蛋糕。

**7.** 将蛋糕装入盘中，再置于转盘上，在蛋糕底侧粘上黑巧克力片。

**8.** 在蛋糕顶部放上切好的猕猴桃、黄桃、提子，再插上两片白巧克力片即可。

看视频学烘焙

# 「法式巧克力蛋糕」

烤制时间：20 分钟

## 材料 Material

可可粉------- 25 克
鲜奶油------- 30 克
牛奶------- 60 毫升
蛋白---------235 克
蛋黄---------125 克
黄油---------100 克
细砂糖------100 克
食粉---------- 15 克
塔塔粉------- 25 克
低筋面粉---- 62 克
黑巧克力液150 毫升
巧克力碎----- 适量

## 工具 Tool

锅，玻璃碗，三角铁板，搅拌器，电动搅拌器，长柄刮板，蛋糕刀，烤箱，烘焙纸，白纸

## 做法 Make

**1.** 将牛奶倒入锅中，加入黄油搅拌均匀，煮至黄油溶化。
**2.** 关火后加入鲜奶油，加入可可粉，充分搅匀。
**3.** 倒入食粉、低筋面粉，用搅拌器搅拌成糊状。
**4.** 倒入蛋黄、黑巧克力液，搅匀，制成巧克力糊。
**5.** 将蛋白倒入玻璃碗中，加入细砂糖，用电动搅拌器快速打发。
**6.** 加入塔塔粉，打发成鸡尾状。
**7.** 把打发好的蛋白分两次加入巧克力糊中，用长柄刮板搅拌成纯滑的蛋糕浆。
**8.** 将蛋糕浆倒入铺有烘焙纸的烤盘中，抹平。
**9.** 放入预热好的烤箱，以上火 180℃、下火 150℃烤约 20 分钟至熟，取出。
**10.** 趁热把适量巧克力碎撒上，利用余温将巧克力融化，用三角铁板均匀抹开。
**11.** 将蛋糕倒扣在白纸上，撕掉蛋糕上的烘焙纸。
**12.** 用蛋糕刀把蛋糕四边切齐整，再切成小方块即可。

# 「巧克力甜甜圈」

烤制时间：20 分钟

### 材料 Material

黑巧克力液-- 适量
白巧克力液-- 适量
蛋白---------- 80 克
塔塔粉---------2 克
细砂糖------125 克
蛋黄---------- 45 克
色拉油---- 30 毫升
泡打粉---------2 克
低筋面粉---- 60 克
玉米淀粉---- 50 克
水---------- 30 毫升
水果----------- 适量

### 工具 Tool

搅拌器，电动搅拌器，模具，烤箱，蛋糕刀

### 做法 Make

**1.** 将色拉油、细砂糖 95 克、水、玉米淀粉、低筋面粉、蛋黄、泡打粉用搅拌器拌匀；蛋白、细砂糖 30 克、塔塔粉，用电动搅拌器打发至鸡尾状，将二者混匀呈糊状。

**2.** 将面糊倒入模具中，放入上下火 170℃的烤箱中，烤 20 分钟。

**3.** 取出烤好的蛋糕脱模后，依次将蛋糕底部切去，分别淋上白、黑巧克力液至蛋糕全身，之后再交叉淋上白、黑巧克力液，最后放上水果装饰即可。

# 「布丁蛋糕」

烤制时间：约 20 分钟

## 材料 Material

蛋糕糊：

鲜奶------100 毫升

水---------100 毫升

色拉油---100 毫升

低筋面粉---165 克

玉米淀粉---- 25 克

蛋黄---------120 克

蛋白---------250 克

砂糖---------170 克

塔塔粉---------5 克

食盐------------2 克

布丁液：

布丁粉------- 25 克

水---------350 毫升

砂糖---------- 75 克

全蛋---------- 50 克

## 工具 Tool

搅拌器，电动搅拌器，胶刮，裱花袋，模具，烤箱，锅，电磁炉

## 做法 Make

**1.** 将鲜奶、水、色拉油混合拌匀，加入低筋面粉、玉米淀粉拌至无颗粒，再加入蛋黄拌匀，待用。

**2.** 把蛋白、砂糖、塔塔粉、食盐倒在一起，用中速打至砂糖溶化，转快速打至中性，起发至鸡尾状。

**3.** 先加 1/3 的步骤 2 到步骤 1 中，用胶刮拌匀，再把剩余的步骤 2 全部加入，搅拌均匀，制成蛋糕糊。

**4.** 将蛋糕糊装入裱花袋，挤入模具内至九分满，烤盘里注入 50 毫升水，入炉以 180℃炉温烘烤约 20 分钟。

**5.** 把布丁液的材料倒入锅中拌匀，放在电磁炉上加热，同时快速搅拌至煮开，制成布丁液。

**6.** 蛋糕熟透后出炉，脱模冷却，然后把布丁液过滤，稍冷却至手温，倒入蛋糕体中，在常温下凝固即可。

看视频学烘焙

# 「咖啡提子玛芬」

烤制时间：20 分钟

## 材料 Material

低筋面粉---150 克
酵母------------3 克
咖啡粉------150 克
香草粉------- 10 克
牛奶------150 毫升
细砂糖------100 克
鸡蛋------------2 个
色拉油---- 10 毫升
提子干-------- 适量

## 工具 Tool

玻璃碗, 长柄刮板, 电动搅拌器, 蛋糕模具, 烤箱, 蛋糕纸杯

## 做法 Make

**1.** 取一个玻璃碗，倒入鸡蛋、细砂糖，用电动搅拌器搅拌均匀。
**2.** 加入酵母、香草粉、咖啡粉，稍稍搅拌。
**3.** 倒入已经备好的低筋面粉，将其充分搅拌。
**4.** 倒入色拉油，一边倒一边搅拌。
**5.** 缓缓地倒入牛奶，并且不停搅拌。
**6.** 倒入洗净的提子干。
**7.** 用电动搅拌器将提子干与原材料拌匀，制成蛋糕浆。
**8.** 备好蛋糕模具，放入与之相匹配的蛋糕纸杯。
**9.** 用长柄刮板将拌好的蛋糕浆逐一刮入纸杯中，至七八分满即可。
**10.** 将已经装有蛋糕浆的蛋糕模具放入烤箱中，以上、下火均调为 200℃的温度烤 20 分钟至熟。
**11.** 将蛋糕模具取出。
**12.** 将烤好的蛋糕脱模，装盘即可。

# 「奶油麦芬蛋糕」

烤制时间：5 分钟

看视频学烘焙

## 材料 Material

全蛋---------210 克
盐---------------3 克
色拉油---- 60 毫升
牛奶------- 40 毫升
低筋面粉---250 克
泡打粉---------8 克
打发的植物鲜奶油----------------- 90 克
糖粉---------160 克
彩针----------- 适量

## 工具 Tool

玻璃碗，电动搅拌器，裱花袋，裱花嘴，蛋糕杯，剪刀，烤箱

## 做法 Make

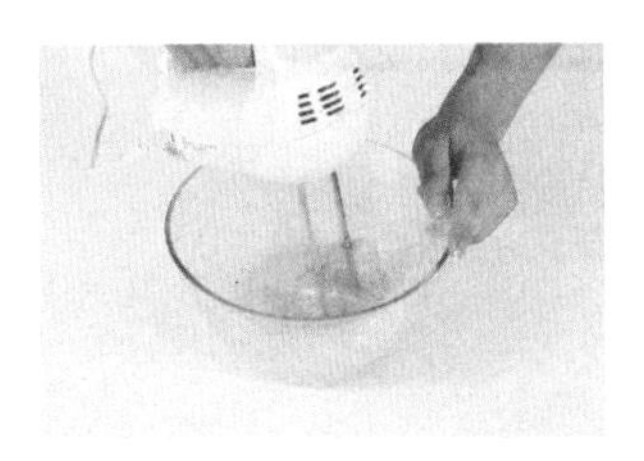

**1.** 把全蛋倒入玻璃碗中，加入糖粉、盐，快速搅匀，加入泡打粉、低筋面粉，搅成糊状，倒入牛奶，搅拌均匀。

**2.** 加入色拉油，搅拌，搅成纯滑的蛋糕浆。

**3.** 把蛋糕浆装入裱花袋里，用剪刀剪开一小口，挤入烤盘上的蛋糕杯里，装约六分满。

**4.** 将烤箱上火调为180℃，下火160℃，预热5分钟。打开烤箱门，将蛋糕生坯放入烤箱里。

**5.** 关上烤箱门，烘烤5分钟至熟。戴上隔热手套，打开烤箱门，取出烤好的蛋糕。

**6.** 把打发好的植物鲜奶油装入套有裱花嘴的裱花袋里，挤在蛋糕上，逐个撒上彩针即可。

看视频学烘焙

# 「红豆蛋糕」

烤制时间：20 分钟

## 材料 Material

红豆粒------- 60 克
蛋白---------150 克
细砂糖------140 克
玉米淀粉---- 90 克
色拉油---100 毫升

## 工具 Tool

电动搅拌器，搅拌器，长柄刮板，玻璃碗，烘焙纸，蛋糕刀，烤箱

## 做法 Make

**1.** 将蛋白、细砂糖倒入碗中，用电动搅拌器搅拌至起泡。
**2.** 另取一个碗，倒入色拉油、玉米淀粉，用搅拌器搅拌成面糊。
**3.** 取适量打发好的蛋白，倒入面糊中，用长柄刮板搅拌匀。
**4.** 将拌匀的材料倒入剩余的蛋白中，制成蛋糕浆。
**5.** 将红豆粒倒入铺有烘焙纸的烤盘里，铺匀。
**6.** 倒入蛋糕浆，抹匀。
**7.** 将烤盘放入备好的烤箱中。
**8.** 把上下火调至 160℃，烤 20 分钟至熟。
**9.** 取出烤好的红豆蛋糕。
**10.** 把蛋糕倒扣在铺有烘焙纸的案台上，撕去粘在蛋糕底部的烘焙纸。
**11.** 将蛋糕翻面，用蛋糕刀切成大小均等的小长方块。
**12.** 将每两块蛋糕有红豆的一面朝上，贴合在一起，装入盘中即可。

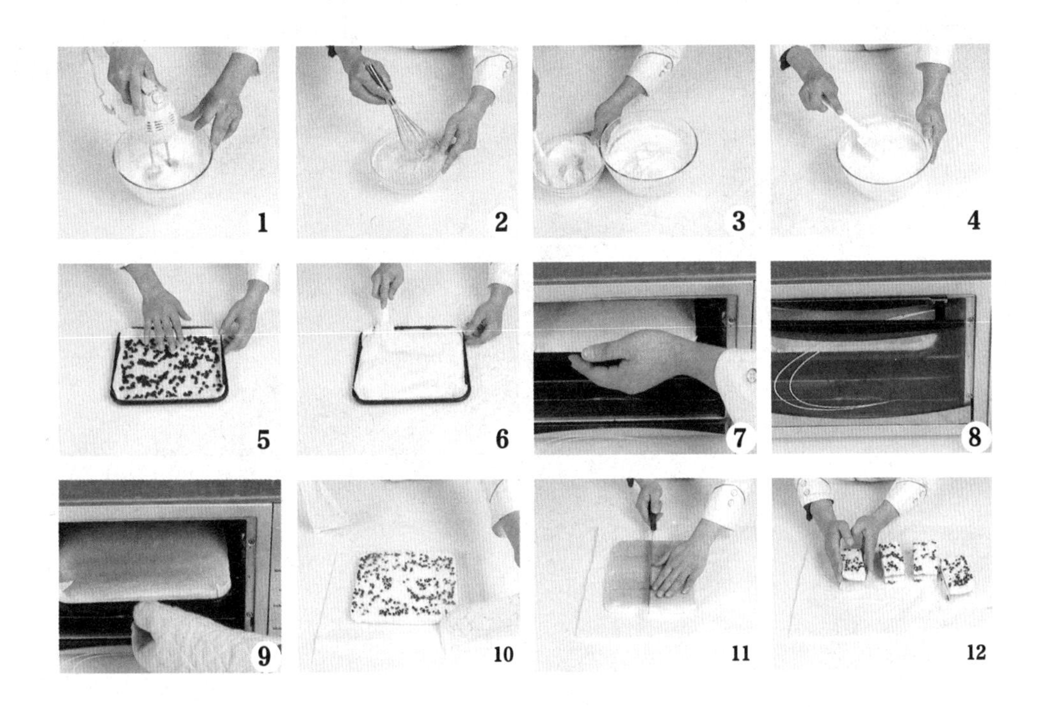

# 「枸杞蛋糕」

**烤制时间：** 30 分钟

## 材料 Material

蛋白---------300 克
砂糖---------180 克
盐---------------2 克
低筋面粉---150 克
粟粉---------- 30 克
水---------100 毫升
奶香粉---------4 克
蛋糕油------- 18 克
色拉油---- 70 毫升
白兰地---- 20 毫升
枸杞---------- 40 克

## 工具 Tool

电动搅拌器，长柄刮板，刷子，模具，烤箱，打蛋盆

## 做法 Make

**1.** 把蛋白、砂糖、盐倒在一起，中速打至砂糖完全溶化，呈泡沫状。

**2.** 加入低筋面粉、粟粉、奶香粉、蛋糕油，先慢速拌至无粉粒状，转快速打至原体积的 3 倍。

**3.** 加入色拉油，充分搅拌均匀。

**4.** 把预先泡了白兰地酒的 1/2 的枸杞倒入步骤 3 中搅拌均匀，制成面糊。

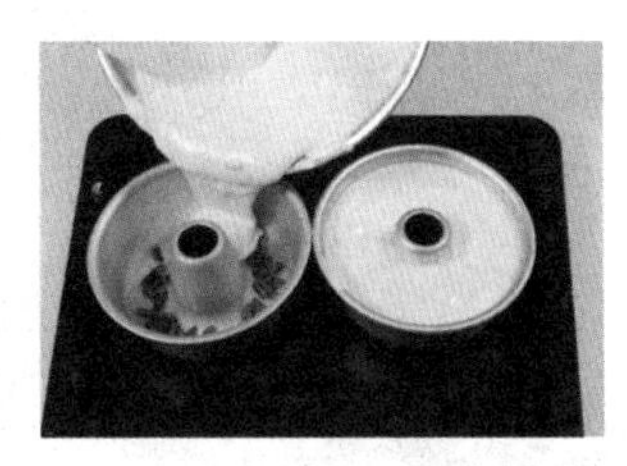

**5.** 把面糊倒入已刷有色拉油并撒上剩余 1/2 枸杞的模具内至八分满。

**6.** 烤盘内加 100 毫升的水，入烤箱以 150℃约烤 30 分钟，烤至完全熟透，取出脱模倒扣即可。

看视频学烘焙

# 「巧克力奶油麦芬蛋糕」

**烤制时间：** 15 分钟

## 材料 Material

全蛋---------210 克
盐---------------3 克
食用油---- 15 毫升
牛奶------- 40 毫升
低筋面粉---250 克
泡打粉---------8 克
糖粉---------160 克
可可粉------- 40 克
打发的植物鲜奶油
---------------- 80 克

## 工具 Tool

玻璃碗，电动搅拌器，裱花袋，长柄刮板，裱花嘴，蛋糕杯，剪刀，烤箱

## 做法 Make

**1.** 把全蛋倒入玻璃碗中，加入糖粉、盐，用电动搅拌器搅匀。
**2.** 碗里加入泡打粉、低筋面粉，搅成糊状。
**3.** 倒入牛奶搅匀。
**4.** 加入食用油，搅匀，搅成纯滑的蛋糕浆。
**5.** 把蛋糕浆装入裱花袋里，用剪刀剪开一小口。
**6.** 将打发的植物鲜奶油倒入另一玻璃碗中，加入可可粉，用长柄刮板拌匀。
**7.** 把可可粉奶油装入套有裱花嘴的裱花袋里。
**8.** 把蛋糕浆挤入烤盘里的蛋糕杯中，装约七分满即可。
**9.** 放入上火为 180℃、下火为 160℃的预热好的烤箱里。
**10.** 烘烤 15 分钟后取出蛋糕，逐个挤上适量可可粉奶油，装盘即可。

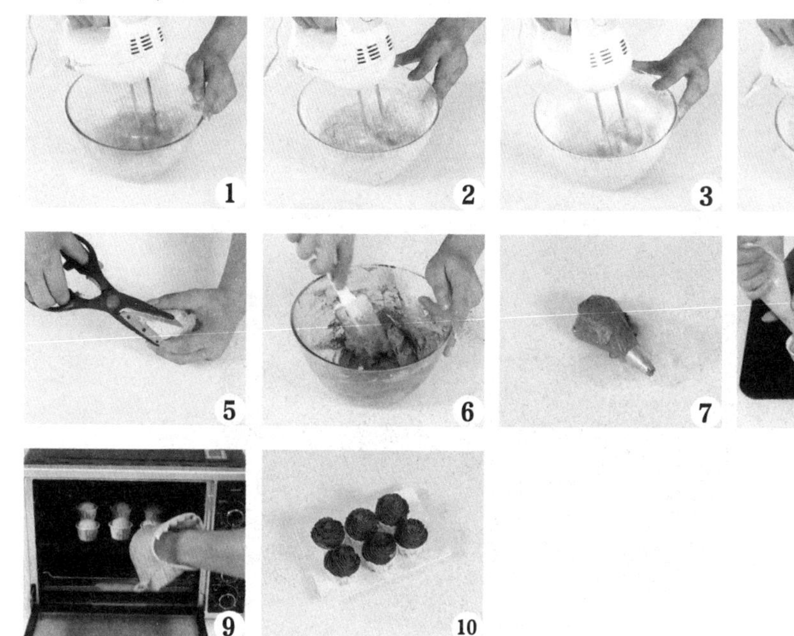

# 「猕猴桃巧克力麦芬」

**烤制时间：** 15 分钟

看视频学烘焙

## 材料 Material

低筋面粉---100 克
泡打粉---------3 克
可可粉------- 15 克
蛋白---------- 30 克
细砂糖------- 80 克
色拉油---- 50 毫升
牛奶------- 65 毫升
猕猴桃果肉-- 适量

## 工具 Tool

玻璃碗, 长柄刮板, 电动搅拌器, 烤箱, 蛋糕纸杯，刀

## 做法 Make

1. 取一玻璃碗，加入蛋白、细砂糖，用电动搅拌器打发。

2. 加入可可粉、泡打粉、低筋面粉，搅匀。

3. 淋入色拉油，一边倒一边搅拌。

4. 缓缓加入牛奶，不停搅拌，制成蛋糕浆。

5. 取数个蛋糕纸杯，用长柄刮板将拌好的蛋糕浆逐一刮入纸杯中至六七分满。

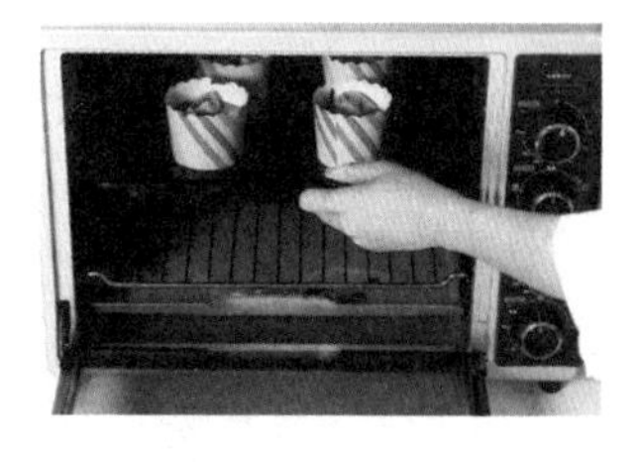

6. 蛋糕杯中放入切成小块的猕猴桃果肉，再将纸杯放入烤盘，将烤盘放入烤箱中。

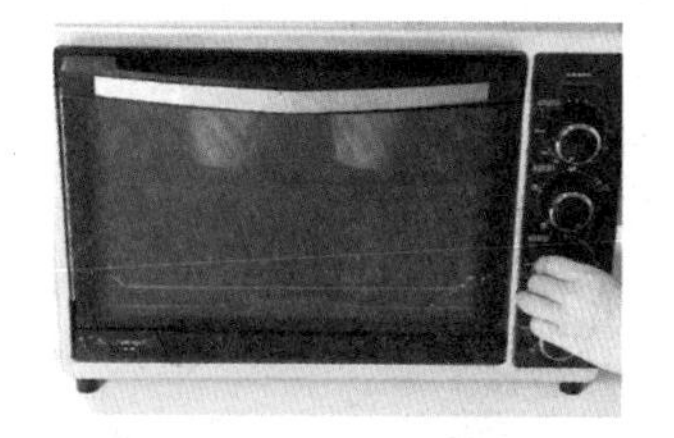

7. 烤箱温度调至上火180℃、下火160℃，烤15分钟至熟。

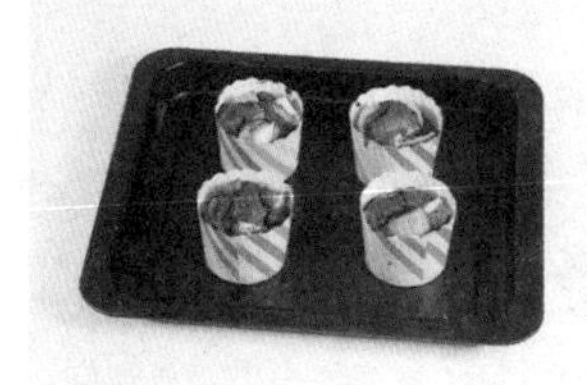

8. 取出烤盘，将烤好的蛋糕装盘即可。

看视频学烘焙

# 「红豆天使蛋糕」

烤制时间：15 分钟

## 材料 Material

蛋白---------250 克
塔塔粉---------2 克
低筋面粉---100 克
色拉油---- 50 毫升
细砂糖------120 克
泡打粉---------3 克
红豆粒------- 10 克
柠檬汁------5 毫升
打发的鲜奶油---- 20 克
水---------- 70 毫升

## 工具 Tool

玻璃碗，搅拌器，电动搅拌器，蛋糕刀，木棍，白纸，烤箱，三角铁板

## 做法 Make

**1.** 碗中加入色拉油、低筋面粉、水，用搅拌器拌匀。
**2.** 放入泡打粉、柠檬汁，拌至面糊状。
**3.** 另取一个碗，倒入蛋白，用电动搅拌器打至起泡。
**4.** 倒入适量细砂糖，拌匀，再倒入剩余的细砂糖，拌匀，倒入塔塔粉，继续搅拌。
**5.** 将适量拌好的蛋白倒入装有面糊的碗中，拌匀后将其倒入剩余的蛋白中，拌匀。
**6.** 取一个烤盘，铺上白纸，撒入红豆粒。倒入面糊，铺匀。
**7.** 将烤盘放入上火 180℃、下火 150℃的烤箱中，烤 15 分钟，至其呈金黄色。
**8.** 取出烤盘，放置一会儿，至凉。
**9.** 用三角铁板从烤盘中取出蛋糕，倒放在白纸上。撕去粘在蛋糕底部的白纸。
**10.** 将蛋糕翻转过来，均匀地抹上打发的鲜奶油。
**11.** 用木棍将白纸卷起，把蛋糕卷成圆筒状，静置 5 分钟。
**12.** 切去两边不整齐的部分，再将蛋糕切成三等份，即可。

Part 3

# 戚风蛋糕

戚风蛋糕组织膨松，质地松软，水分含量高，味道清淡不腻，口感滋润嫩爽。好吃的美味抵挡不住，快来看看怎么做的吧。

看视频学烘焙

# 「可可戚风蛋糕」

烤制时间：20 分钟

## 材料 Material

打发的鲜奶油---- 40 克
蛋白部分:
细砂糖------- 95 克
蛋白------------ 3 个
塔塔粉--------- 2 克
蛋黄部分:
可可粉------- 15 克
蛋黄------------ 3 个
色拉油---- 30 毫升
低筋面粉---- 60 克
玉米淀粉---- 50 克
泡打粉--------- 2 克
细砂糖------- 30 克
水---------- 30 毫升

## 工具 Tool

玻璃碗，电动搅拌器，搅拌器，木棍，蛋糕刀，长柄刮板，白纸，烤箱

## 做法 Make

**1.** 将水、细砂糖、低筋面粉、玉米淀粉倒入玻璃碗中，拌匀。
**2.** 倒入色拉油，加入泡打粉、可可粉，搅拌均匀。
**3.** 加入蛋黄，搅拌成糊状，待用。
**4.** 将蛋白倒入另一个玻璃碗中，用电动搅拌器快速打至发白。
**5.** 放入细砂糖、塔塔粉，快速打发至鸡尾状。
**6.** 用长柄刮板将一半的蛋白倒入拌好的蛋黄中，拌匀。
**7.** 将拌好的材料倒入剩余的蛋白中，拌匀。
**8.** 把混合好的材料倒入铺有白纸的烤盘中，抹均匀，震平。
**9.** 将烤箱温度调成上火 180℃、下火 160℃，放入烤盘，烤 20 分钟，至其熟透。
**10.** 蛋糕倒置在白纸上，撕去粘在蛋糕底部的白纸，抹上打发的鲜奶油。
**11.** 用木棍将白纸卷起，把蛋糕卷成圆筒状。
**12.** 切除蛋糕两头，再切成四等份，即可。

# 「香草蛋糕」

**烤制时间：** 18 分钟

## 材料 Material

蛋黄------------4 个
色拉油---- 40 毫升
细砂糖------- 80 克
低筋面粉---- 65 克
纯牛奶---- 40 毫升
香草粉---------5 克
蛋白-----------4 个
塔塔粉---------3 克
鲜奶油-------- 适量

## 工具 Tool

玻璃碗，烘焙纸，电动搅拌器，搅拌器，长柄刮板，蛋糕刀，木棍，烤箱，白纸，抹刀

## 做法 Make

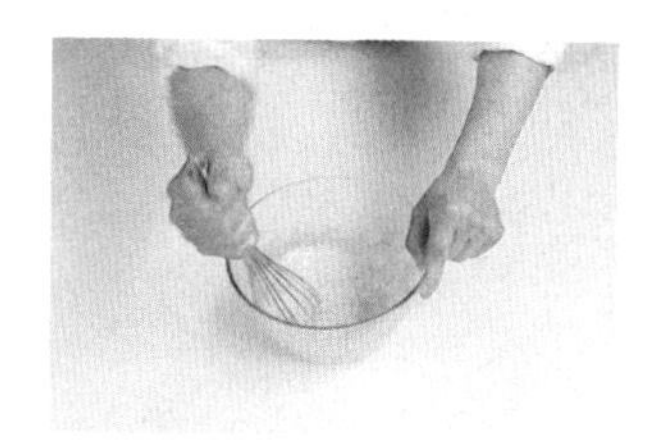

**1.** 将纯牛奶、低筋面粉倒入碗中，拌匀，倒入色拉油，放入香草粉、20克细砂糖，加入蛋黄，快速搅拌均匀，即成蛋黄部分。

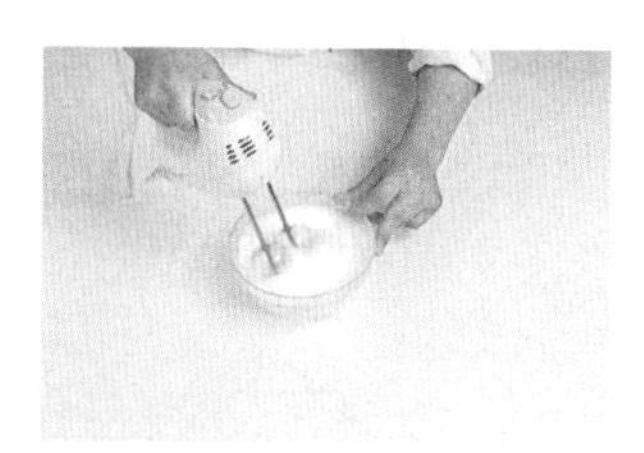

**2.** 将蛋白、60克细砂糖放入另一个碗中，打发至起泡，放入塔塔粉，继续打发，制成蛋白部分。

**3.** 将适量蛋白部分倒入装有蛋黄部分的碗中，搅拌均匀，制成面糊，再倒入剩余的蛋白部分，搅拌均匀，倒入铺有烘焙纸的烤盘中，抹匀。

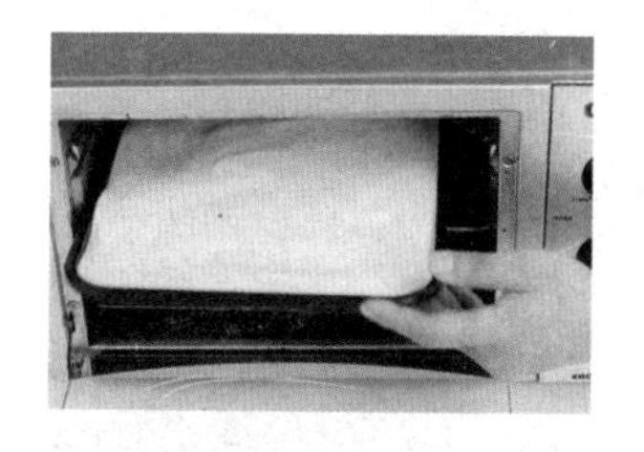

**4.** 把烤箱调成上、下火均为160℃，将烤盘放入烤箱，烤约18分钟至熟，取出烤盘。

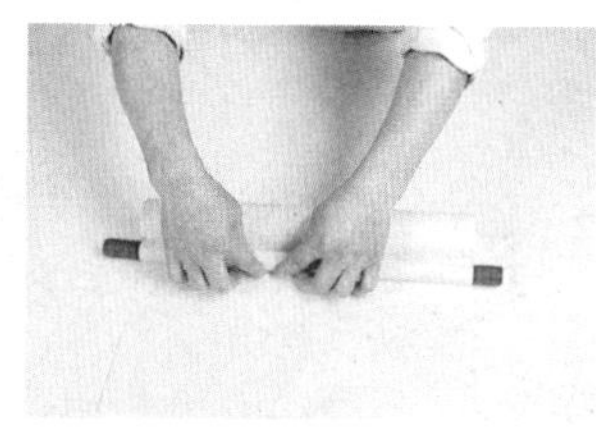

**5.** 操作台上铺一张白纸，把烤盘倒扣在上面，撕去底部的烘焙纸，倒入打发好的鲜奶油，抹匀，用木棍将白纸卷起，把蛋糕卷成卷。

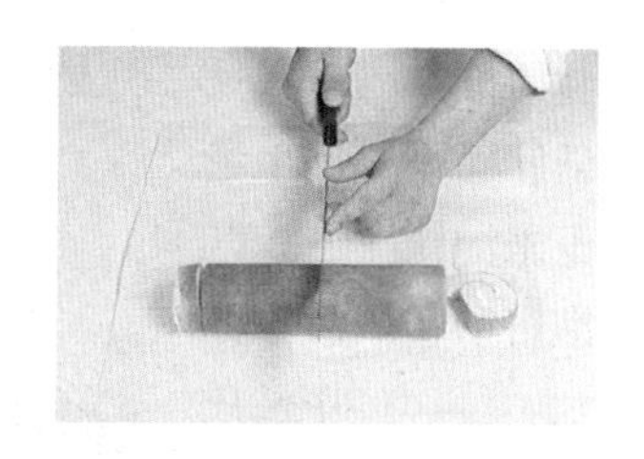

**6.** 打开白纸，将蛋糕切成齐整的两等份即可。

看视频学烘焙

# 「哈密瓜蛋糕」

煎制时间：20 分钟

## 材料 Material

哈密瓜色香油适量
香橙果浆----- 适量
细砂糖------125 克
蛋白------------3 个
塔塔粉---------2 克
蛋黄------------3 个
食用油---- 30 毫升
低筋面粉---- 60 克
玉米淀粉---- 50 克
泡打粉---------2 克
水---------- 30 毫升

## 工具 Tool

搅拌器，电动搅拌器，长柄刮板，玻璃碗，烘焙纸，白纸，蛋糕刀，木棍，抹刀，烤箱

## 做法 Make

**1.** 在玻璃碗中倒入水、30 克细砂糖、食用油、低筋面粉。
**2.** 将玉米淀粉、蛋黄、泡打粉倒入玻璃碗中，用搅拌器拌匀成蛋黄糊。
**3.** 将蛋白倒入另一个玻璃碗，用电动搅拌器打发。
**4.** 加入 95 克细砂糖，快速打发。放入塔塔粉，打发至其呈鸡尾状成蛋白糊。
**5.** 将一半蛋白糊倒入蛋黄糊中，拌匀。将拌好的材料倒入剩余的蛋白糊中，搅拌匀。
**6.** 加入适量哈密瓜色香油，用长柄刮板拌匀，制成哈密瓜蛋糕浆。
**7.** 把蛋糕浆倒入铺有烘焙纸的烤盘中，抹匀。
**8.** 放入烤箱，将烤箱温度调成上火 180℃、下火 160℃，烤 20 分钟至熟。
**9.** 取出蛋糕，倒扣在白纸上，撕掉粘在蛋糕上的烘焙纸。
**10.** 将蛋糕翻过来，均匀地抹上适量香橙果浆。
**11.** 用木棍将白纸卷起，把蛋糕卷成圆筒状，静置一会儿。
**12.** 打开白纸，切去蛋糕两边不平整的部分，再切成四等份，装入盘中即可。

# 「蔓越莓蛋糕」

**烤制时间：** 20 分钟

**材料 Material**

蛋黄---------- 60 克
食用油---- 30 毫升
低筋面粉---- 70 克
玉米淀粉---- 55 克
细砂糖------140 克
泡打粉---------2 克
水---------- 30 毫升
塔塔粉---------2 克
蛋白---------140 克
蔓越莓干----- 适量
果酱----------- 适量

**工具 Tool**

玻璃碗，电动搅拌器，搅拌器，长柄刮板，抹刀，木棍，蛋糕刀，烤箱，烘焙纸

## 做法 Make

**1.** 将蛋黄、30毫升水、食用油、低筋面粉，倒入玻璃碗中，再加入玉米淀粉、30克细砂糖、泡打粉，用搅拌器搅拌均匀，制成蛋黄浆。

**2.** 另取一个玻璃碗，加入蛋白、110克细砂糖、塔塔粉，用电动搅拌器打至鸡尾状，加入到蛋黄浆里，搅拌搅匀，制成蛋糕面糊。

**3.** 烤盘上铺上烘焙纸，均匀地在上面撒上蔓越莓干，倒入蛋糕面糊，倒至八分满，抹匀。

**4.** 将烤盘放入预热好的烤箱内，上火调为180℃，下火调为160℃，烤制20分钟至熟。

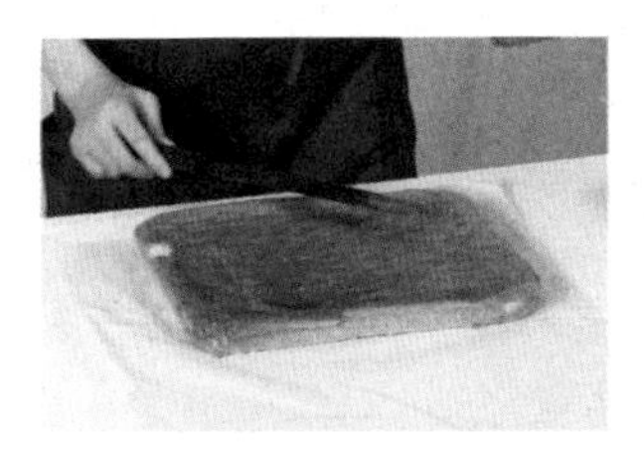

**5.** 将蛋糕取出，放凉。倒扣在烘焙纸上，撕去粘在蛋糕底部的烘焙纸，翻面，均匀地抹上果酱。

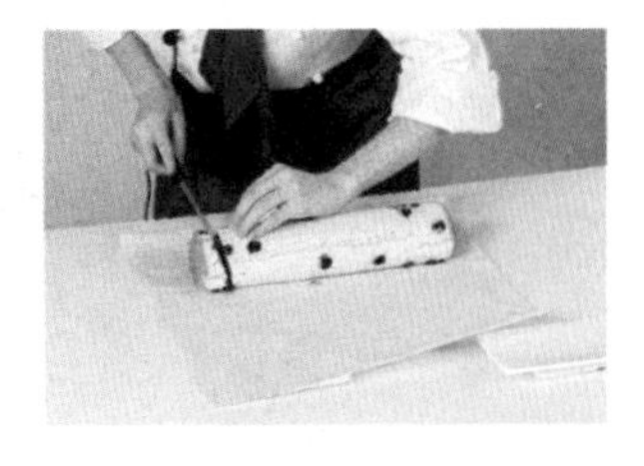

**6.** 将木棍垫在蛋糕的一端，将蛋糕卷成卷，去除烘焙纸，再切成大小均匀的蛋糕卷即可。

# 「栗子鲜奶蛋糕」

**烤制时间：** 30 分钟

## 材料 Material

红豆粒------- 80 克
蛋白---------200 克
细砂糖------100 克
低筋面粉---- 80 克
色拉油---- 70 毫升
塔塔粉---------2 克
盐---------------1 克
蛋黄---------100 克
牛奶------- 53 毫升
栗子馅------250 克
打发好的奶油适量

## 工具 Tool

电动搅拌器，烤箱，搅拌器，长柄刮板，烘焙纸，蛋糕刀，玻璃碗

## 做法 Make

**1.** 将色拉油、牛奶倒入玻璃碗内，搅拌匀，加入低筋面粉，一边倒一边搅拌。

**2.** 倒入备好的盐，搅拌片刻，放入蛋黄，搅拌呈丝带状。另取一玻璃碗，倒入蛋白，加入细砂糖、塔塔粉，打发至鸡尾状。

**3.** 将一部分的蛋白倒入蛋黄内，搅拌匀，再放入剩下的一半蛋白，搅拌匀，制成蛋糕液。

**4.** 烤盘内垫上烘焙纸，撒上红豆粒，倒入拌好的蛋糕液，表面抹平，再震一下烤盘。

**5.** 烤盘放入预热好的烤箱里，上火 155℃、下火 130℃，烤 30 分钟至熟后，取出，切块。

**6.** 取蛋糕一块，挤上奶油与栗子馅，铺上一块蛋糕，再挤上奶油与栗子馅，铺上三层，撒上装饰即可。

# 「蛋白奶油酥」

烤制时间：45 分钟

### 材料 Material

鸡蛋------------6 个
巧克力蛋糕坯 1 个
巧克力酱----- 少许
巧克力碎----- 少许
黑橄榄-------- 少许
细砂糖------180 克
盐-------------- 少许
柠檬汁-------- 少许

### 工具 Tool

电动搅拌器，剪刀，抹刀，烤箱，烘焙纸，裱花袋

### 做法 Make

**1.** 将蛋白与蛋黄分开，取出蛋白，加盐、柠檬汁、细砂糖搅匀，重复 3 次用电动搅拌器将蛋白打至干性发泡。

**2.** 取部分蛋白装入裱花袋中，用剪刀剪开一个小口。

**3.** 在烤盘上垫上烘焙纸，放上准备好的巧克力蛋糕坯，均匀抹上余下的蛋白，在蛋糕体周围撒上巧克力碎。

**4.** 用装蛋白的裱花袋在蛋糕表面挤出花纹。

**5.** 将做好的生坯放入烤箱中，以 120°C低温烘烤 45 分钟成蛋白奶油酥。取出，挤上巧克力酱，并用黑橄榄装饰即可。

看视频学烘焙

# 「抹茶提拉米苏」

**冷冻时间：** 120 分钟

## 材料 Material

蛋白部分：
蛋白、白糖 各 60 克
塔塔粉--------- 1 克
蛋黄部分：
盐------------- 15 克
蛋黄---------- 85 克
鸡蛋---------- 60 克
色拉油---- 60 毫升
低筋面粉---- 80 克
奶粉、泡打粉 各 2 克
其他配料：
蛋黄---------- 25 克
白糖---------- 40 克
水---------- 40 毫升
抹茶粉------- 10 克
明胶粉--------- 4 克
奶酪---------200 克
牛奶-- 约 200 毫升

## 工具 Tool

玻璃碗，搅拌器，电动搅拌器，圆形模具，蛋糕刀，烤箱，冰箱

## 做法 Make

**1.** 将蛋黄、鸡蛋、低筋面粉、奶粉、盐、泡打粉、色拉油，倒入碗中，用搅拌器搅匀。
**2.** 把蛋白倒入另一个碗中，加入白糖，用电动搅拌器打发。加入塔塔粉，搅匀。
**3.** 把蛋白部分倒入蛋黄部分中，用搅拌器搅匀。
**4.** 把混合好的材料倒入模具中。
**5.** 将模具放入烤箱，以上、下火均为 170℃烤制 20 分钟至熟。
**6.** 取出烤好的蛋糕，脱模，切去顶部，将剩余部分平切成 2 份，备用。
**7.** 把水倒入容器中，加入白糖、牛奶，用搅拌器搅匀。
**8.** 放入明胶粉，奶酪，搅匀，用小火煮溶化。
**9.** 放入抹茶粉，加入蛋黄，搅匀。
**10.** 把一片蛋糕放入模具中，倒入适量抹茶糊，再放入另一片蛋糕。
**11.** 倒入抹茶糊，放入冰箱冷冻 2 小时。
**12.** 取出成品，脱模，用蛋糕刀切成扇形块，装入盘中即可。

# 「年轮蛋糕」

**烤制时间：** 25 分钟

## 材料 Material

水---------110 毫升
液态酥油- 75 毫升
低筋面粉---- 80 克
吉士粉------- 30 克
奶香粉---------7 克
泡打粉---------2 克
蛋黄---------120 克
蛋白---------150 克
砂糖---------100 克
塔塔粉---------2 克
食盐-----------1 克
柠檬果膏----- 适量

## 工具 Tool

电动搅拌器, 白纸, 烤箱, 搅拌器, 抹刀, 木棍

## 做法 Make

**1.** 水、液态酥油混合拌匀，加入低筋面粉、吉士粉、奶香粉、泡打粉、蛋黄拌匀备用。

**2.** 把蛋白、塔塔粉、砂糖、食盐倒在一起，先慢后快，打至鸡尾状。

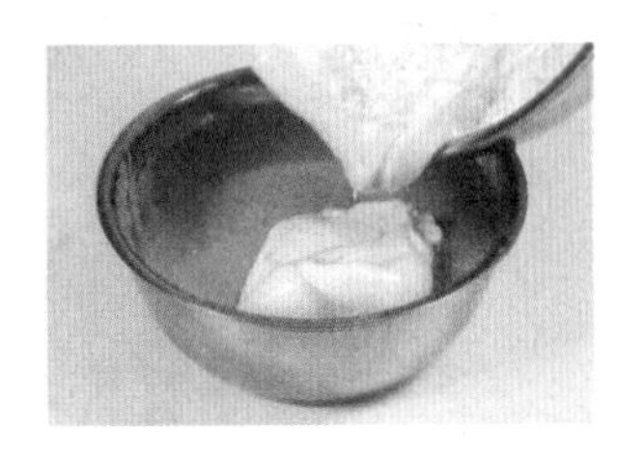

**3.** 把步骤 2 分次加入步骤 1 中完全拌匀，制成蛋糕糊。

**4.** 将蛋糕糊倒入铺有白纸的烤盘内，抹至厚薄均匀，入炉以 180℃的炉温烘烤约 25 分钟，熟透后出炉。

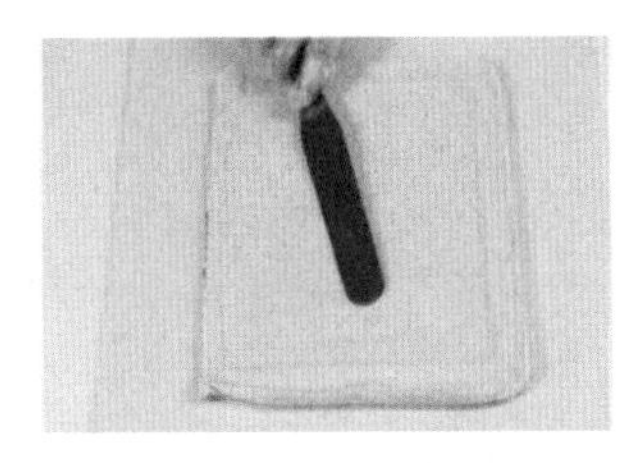

**5.** 把凉透的糕体倒翻在铺有白纸的案台上，取走粘在糕体上的白纸，抹上柠檬果膏。

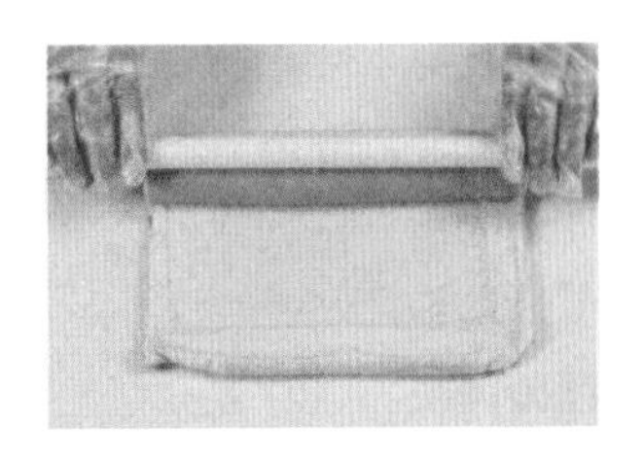

**6.** 将蛋糕卷成卷，静置 30 分钟以上，再分切成小件即可。

看视频学烘焙

# 「提子蛋卷」

**烤制时间：** 20 分钟

## 材料 Material

蛋白---------140 克
细砂糖------110 克
塔塔粉---------2 克
蛋黄---------- 60 克
水---------- 30 毫升
食用油---- 30 毫升
低筋面粉---- 70 克
玉米淀粉---- 55 克
细砂糖------- 30 克
泡打粉---------2 克
提子干-------- 适量
草莓果酱----- 适量

## 工具 Tool

玻璃碗，电动搅拌器，裱花袋，刮刀，搅拌器，长柄刮板，烘焙纸，白纸，木棍，抹刀，蛋糕刀，烤箱

## 做法 Make

**1.** 取一个玻璃碗，倒入蛋黄、水、食用油、低筋面粉，用搅拌器拌匀。

**2.** 加入玉米淀粉、细砂糖、泡打粉，用搅拌器搅拌均匀，制成蛋黄部分。

**3.** 另取一个玻璃碗，加入蛋白、细砂糖、塔塔粉，用电动搅拌器打至鸡尾状，制成蛋白部分。

**4.** 将拌好的蛋白部分加入到蛋黄里，搅拌均匀，制成蛋糕面糊。

**5.** 在烤盘上铺一层烘焙纸，均匀地撒上提子干。

**6.** 将蛋糕面糊倒入烤盘，至八分满。

**7.** 放入已经预热好的烤箱内，将上火调为180℃，下火调为160℃，时间定为20分钟，烤至蛋糕松软。

**8.**20分钟后，取出烤盘，静置放凉。

**9.** 用抹刀将蛋糕与烤盘分离，将蛋糕倒在案台白纸的一端上。

**10.** 将另一端的白纸盖上，把蛋糕翻面，用抹刀均匀抹上草莓果酱。

**11.** 将木棍垫在蛋糕一端，轻轻提起，慢慢将蛋糕卷成卷。

**12.** 卷好后将白纸去除，用蛋糕刀切除蛋糕两头不整齐的部分，再切成蛋卷即可。

# 「北海道戚风蛋糕」

**烤制时间：**15 分钟

## 材料 Material

低筋面粉---- 85 克
泡打粉---------2 克
细砂糖------145 克
色拉油---- 40 毫升
蛋黄---------- 75 克
牛奶------180 毫升
蛋白---------150 克
塔塔粉---------2 克
鸡蛋------------1 个
玉米淀粉------7 克
淡奶油------100 克
黄油---------- 50 克

## 工具 Tool

玻璃碗，长柄刮板，搅拌器，电动搅拌器，勺子，剪刀，裱花袋，蛋糕纸杯，烤箱

## 做法 Make

**1.** 将25克细砂糖、蛋黄倒入玻璃碗中，拌匀，加入75克低筋面粉、泡打粉，拌匀，倒入30毫升牛奶、色拉油，拌匀。

**2.** 准备一个玻璃碗，加入90克细砂糖、蛋白、塔塔粉，用电动搅拌器拌匀之后，将食材刮入步骤1中，搅拌均匀。

**3.** 另备一个玻璃碗，倒入鸡蛋、30克细砂糖，打发起泡，加入10克低筋面粉、玉米淀粉、黄油、淡奶油、150毫升牛奶，拌匀制成馅料，待用。

**4.** 将拌好的食材刮入蛋糕纸杯中，约至六分满。

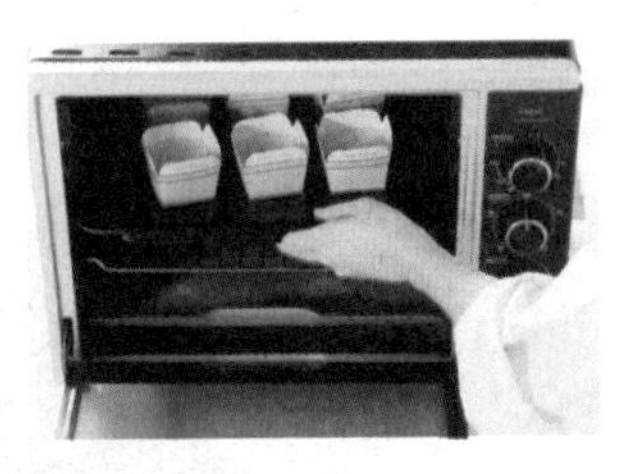

**5.** 将蛋糕纸杯放入烤盘中，再将烤盘放入烤箱。

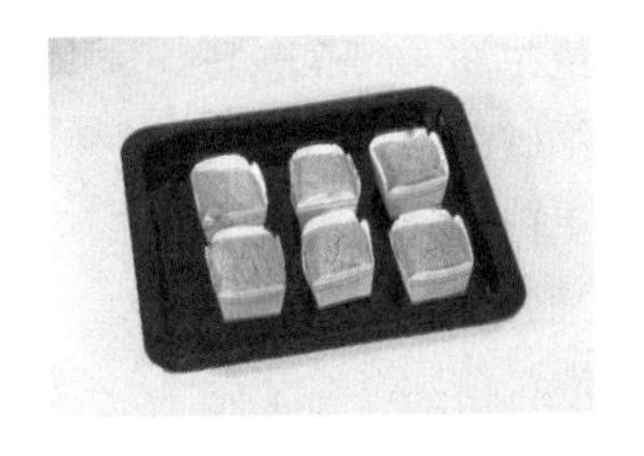

**6.** 关上烤箱门，以上火180℃、下火160℃烤约15分钟至熟，取出烤盘。

**7.** 将拌好的馅料装入裱花袋中，压匀后用剪刀剪去约1厘米。

**8.** 把馅料挤在蛋糕表面，把做好的蛋糕装盘即可。

看视频学烘焙

# 「枕头戚风蛋糕」

**烤制时间：** 25 分钟

## 材料 Material

鸡蛋------------4 个
蛋黄部分:
低筋面粉---- 70 克
玉米淀粉---- 55 克
泡打粉---------2 克
水---------- 70 毫升
色拉油---- 55 毫升
细砂糖------- 28 克
蛋白部分:
细砂糖------- 97 克
泡打粉---------3 克

## 工具 Tool

搅拌器, 长柄刮板, 筛网, 电动搅拌器, 模具, 小刀, 烤箱, 玻璃碗, 白纸

## 做法 Make

1. 鸡蛋分离，将蛋黄、蛋白分别装入两个玻璃碗中。
2. 将低筋面粉、玉米淀粉、泡打粉过筛至蛋黄中，拌匀。
3. 倒入水、色拉油、细砂糖，搅拌均匀，至无细粒即可。
4. 取装有蛋白的玻璃碗，用电动搅拌器打至起泡。倒入细砂糖，搅拌均匀。
5. 将泡打粉倒入碗中，拌匀至其呈鸡尾状。
6. 用长柄刮板将适量蛋黄倒入装有蛋白的玻璃碗中，搅拌均匀。
7. 将拌好的蛋黄倒入剩余的蛋白中，搅拌均匀，制成面糊。
8. 用长柄刮板将面糊刮入模具中。
9. 将模具放入烤盘，再放入烤箱中。
10. 调成上火 180℃、下火 160℃，烤 25 分钟，至其呈金黄色。
11. 从烤箱中取出烤盘。案台上铺一张白纸，用小刀沿着模具的边缘刮一圈。
12. 将蛋糕倒在白纸上，去除模具底部即可。

# 「咖啡卷」

烤制时间：20 分钟

### 材料 Material

蛋黄---------- 80 克
细砂糖------100 克
牛奶------- 60 毫升
色拉油---- 45 毫升
低筋面粉---115 克
咖啡粉------- 10 克
蛋白---------210 克
塔塔粉---------3 克
香橙果酱----- 适量

### 工具 Tool

长柄刮板，搅拌器，电动搅拌器，蛋糕刀，抹刀，烤箱，木棍，烘焙纸，玻璃碗

## 做法 Make

**1.** 将蛋黄、20 克细砂糖倒入玻璃碗中，加入低筋面粉、咖啡粉、牛奶、色拉油，拌匀，制成蛋黄部分。

**2.** 另备一个玻璃碗，倒入蛋白、80 克细砂糖、塔塔粉、香橙果酱，拌匀，制成蛋白部分。

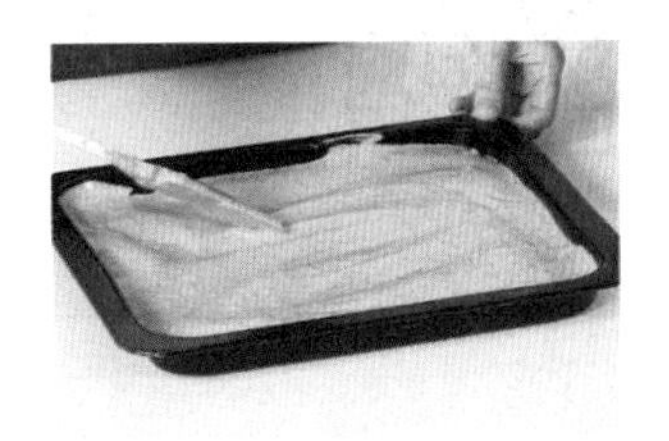

**3.** 用长柄刮板将蛋白部分刮入蛋黄部分中，搅拌均匀，倒入垫有烘焙纸的烤盘中，约至八分满。

**4.** 打开烤箱，将烤盘放入烤箱中，以上火、下火均为 170℃烤约 20 分钟至熟。

**5.** 取出烤盘，把蛋糕倒在铺开的烘焙纸的一端，撕下粘在蛋糕底部的烘焙纸，翻面摆好，抹上香橙果酱。

**6.** 用一根木棍放到烘焙纸下方，慢慢卷起，同时把蛋糕卷成圆筒状，切成小段即可。

看视频学烘焙

# 「萌爪爪奶油蛋糕卷」

**烤制时间：** 18 分钟

## 材料 Material

可可粉-------- 适量
蛋黄部分:
蛋黄---------- 85 克
细砂糖------- 10 克
纯牛奶---- 60 毫升
色拉油---- 50 毫升
低筋面粉---100 克
蛋白部分:
蛋白---------140 克
柠檬汁-------- 少许
细砂糖------- 50 克
馅料部分:
香橙果酱----- 适量

## 工具 Tool

玻璃碗，搅拌器，电动搅拌器，长柄刮板，三角铁板，裱花袋，剪刀，蛋糕刀，木棍，烘焙纸，烤箱

## 做法 Make

**1.** 将纯牛奶倒入玻璃碗中，加入细砂糖、色拉油，搅匀，倒入低筋面粉，搅成糊状。
**2.** 加入蛋黄，搅拌成纯滑的面浆。
**3.** 另取玻璃碗，倒入蛋白、细砂糖、柠檬汁，用电动搅拌器快速打发至其呈鸡尾状。
**4.** 取一个玻璃碗，加入适量打发好的蛋白部分和少许面浆，用长柄刮板搅匀。加入适量可可粉，搅拌均匀。
**5.** 把拌匀的材料装入裱花袋，在裱花袋的尖端剪一个小口，挤入铺有烘焙纸的烤盘中，制成爪状蛋糕生坯。
**6.** 把烤盘放入预热好的烤箱，上下火调至 160℃，烤 3 分钟至熟，取出。
**7.** 将剩余的面浆和蛋白部分混合，用长柄刮板搅匀，制成蛋糕浆。
**8.** 将蛋糕浆倒入装有爪状蛋糕的烤盘里，用长柄刮板抹匀。
**9.** 放入预热好的烤箱，上下火调至 170℃，烤 15 分钟至熟。取出，倒扣在烘焙纸上，撕去粘在蛋糕底部的烘焙纸。
**10.** 将蛋糕翻面，放上适量香橙果酱，用三角铁板抹匀。
**11.** 用木棍将烘焙纸卷起，把蛋糕卷成圆筒状。
**12.** 摊开烘焙纸，用蛋糕刀将蛋糕两端切齐整，再将蛋糕切成两段，装入盘中即可。

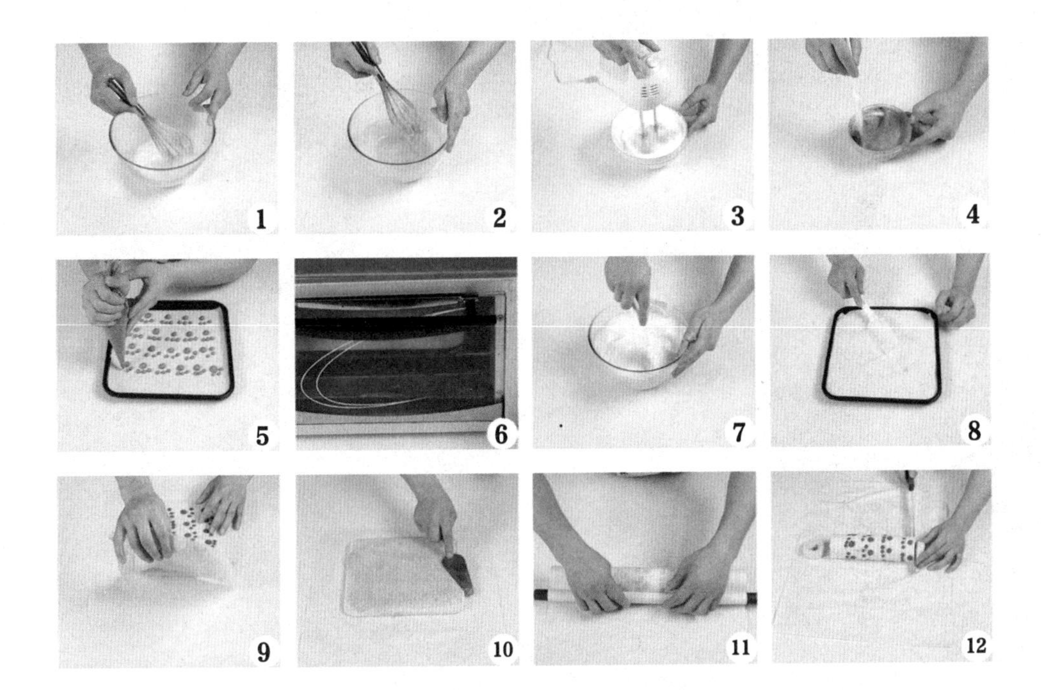

# 「红豆戚风蛋糕」

**烤制时间：**30 分钟

## 材料 Material

红豆粒------- 80 克
蛋白---------200 克
白砂糖------100 克
低筋面粉---- 80 克
色拉油---- 70 毫升
塔塔粉---------2 克
盐---------------1 克
蛋黄---------100 克
牛奶------- 53 毫升

## 工具 Tool

玻璃碗，电动搅拌器，搅拌器，烤箱，长柄刮板，烘焙纸，蛋糕刀

## 做法 Make

**1.** 将色拉油、牛奶倒入玻璃碗内，拌匀，加入低筋面粉，拌匀，倒入盐、蛋黄，搅拌呈丝带状，待用。

**2.** 另取一碗，倒入蛋白，加入白砂糖、塔塔粉，打发至鸡尾状。

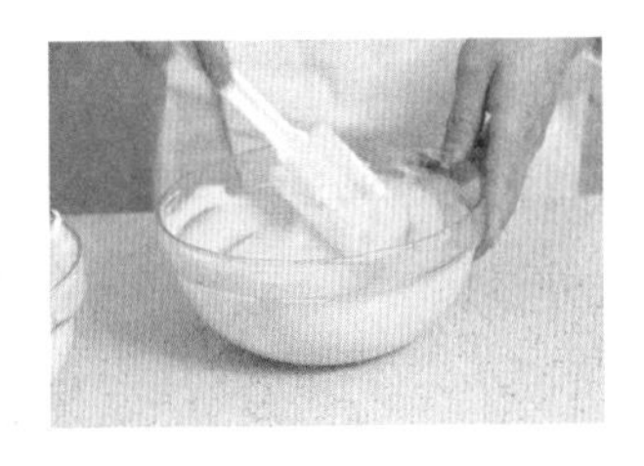

**3.** 将一部分的蛋白倒入蛋黄内，搅拌匀，再放入剩下的一半，搅拌匀，制成蛋糕液。

**4.** 烤盘内垫上烘焙纸，撒上红豆粒，倒入拌好的蛋糕液，表面抹平，再震一下烤盘。

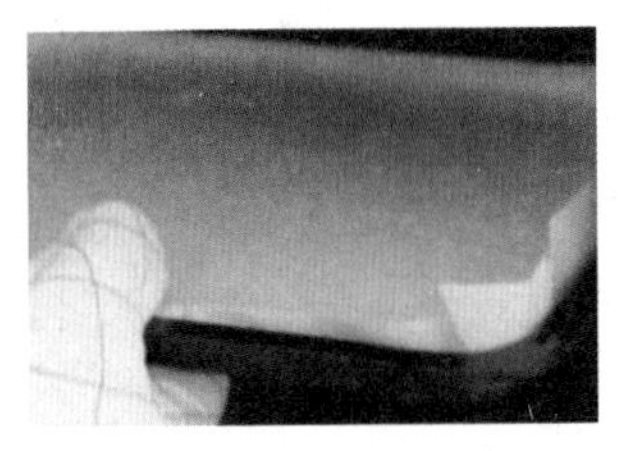

**5.** 烤盘放入预热好的烤箱里，上火 155°C、下火 130°C，烤 30 分钟。

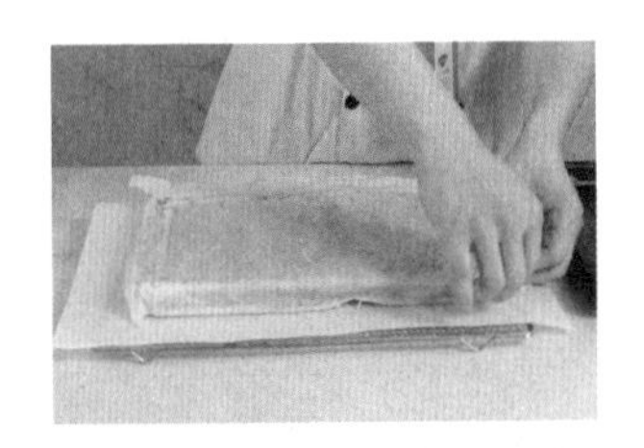

**6.** 待时间到，将烤盘取出，倒出蛋糕，撕去烘焙纸，切成小方块装入盘中即可。

# 「迷你蛋糕」

烤制时间：10 分钟

## 材料 Material

蛋白部分：

蛋白---------140 克

塔塔粉---------3 克

细砂糖------110 克

蛋黄部分：

低筋面粉---- 70 克

玉米淀粉---- 55 克

蛋黄---------- 60 克

色拉油---- 55 毫升

水---------- 20 毫升

泡打粉---------2 克

细砂糖------- 30 克

## 工具 Tool

搅拌器，电动搅拌器，长柄刮板，裱花袋，剪刀，蛋糕纸杯，烤箱，打蛋盆

## 做法 Make

**1.** 将蛋黄、细砂糖、色拉油、水、玉米淀粉、低筋面粉、泡打粉倒入打蛋盆中，用搅拌器搅成糊状，待用。

**2.** 用电动搅拌器将蛋白打发至白色，分两次倒入细砂糖、塔塔粉，继续打发至呈鸡尾状。

**3.** 将部分蛋白用长柄刮板加入到蛋黄部分中，拌匀后再倒入剩余的蛋白部分中，拌匀后装入裱花袋中，用剪刀剪出小口，再挤入蛋糕纸杯中，至六分满即可。

**4.** 把蛋糕纸杯放入烤盘，再放入烤箱，烤箱温度调成上、下火均为 160℃，烤 10 分钟至熟，取出烤盘，放凉即可。

# 「QQ 雪卷」

烤制时间：15 分钟

## 材料 Material

细砂糖------155 克
色拉油---- 30 毫升
水---------115 毫升
低筋面粉---130 克
玉米淀粉---- 15 克
蛋黄---------- 65 克
蛋白---------175 克
塔塔粉---------2 克
鸡蛋------------2 个
黄油---------- 60 克
果酱----------- 适量

## 工具 Tool

搅拌器，电动搅拌器，抹刀，木棍，蛋糕刀，烤箱，白纸，锅，打蛋盆

## 做法 Make

**1.** 将水 40 毫升、色拉油、细砂糖 20 克、低筋面粉 70 克、玉米淀粉、蛋黄倒入打蛋盆内，用搅拌器拌匀，待用。

**2.** 将细砂糖 75 克、蛋白、塔塔粉倒入另一容器内，用电动搅拌器打发至鸡尾状。

**3.** 将步骤 1 和步骤 2 混匀制成蛋糕浆。

**4.** 将蛋糕浆倒入烤盘中，放入上、下火 170℃的烤箱烤 15 分钟。

**5.** 取出烤好的蛋糕，倒扣在铺有白纸的案台上，抹匀果酱，用木棍将其卷起，再用刀切断。

**6.** 细砂糖 60 克、鸡蛋、低筋面粉 60 克、黄油、水 75 毫升，拌匀，制成面糊。

**7.** 将面糊煎至金黄，蛋糕入锅卷起即可。

# 「杏仁戚风蛋糕」

**烤制时间：**约 30 分钟

### 材料 Material

水---------100 毫升
色拉油---- 85 毫升
低筋面粉---162 克
玉米淀粉---- 25 克
奶香粉---------2 克
蛋黄---------125 克
蛋白---------325 克
塔塔粉---------4 克
砂糖---------188 克
杏仁片-------- 适量
柠檬果膏----- 适量

### 工具 Tool

电动搅拌器，搅拌器，烤箱，白纸，长柄刮板，抹刀，蛋糕刀

## 做法 Make

**1.** 把水、色拉油混合拌匀。

**2.** 加入低筋面粉、玉米淀粉、奶香粉拌至无粉粒。

**3.** 加入蛋黄拌成光亮的面糊，备用。

**4.** 把蛋白、砂糖、塔塔粉倒在一起，先慢后快打至鸡尾状。

**5.** 把步骤 4 分次加入步骤 3 中完全拌匀，制成蛋糕糊。

**6.** 将蛋糕糊倒在铺有白纸的烤盘，抹至厚薄均匀。

**7.** 在表面撒上杏仁片装饰。

**8.** 烤盘入炉以 170℃的炉温烘烤。

**9.** 约烤 30 分钟，完全熟透后出炉冷却。

**10.** 把凉透的蛋糕体置于铺有白纸的案台上，取走粘在糕体上的白纸。

**11.** 在蛋糕表面抹上柠檬果膏。

**12.** 卷起，静置 30 分钟以上，分切成小件即可。

# 「红豆戚风蛋糕卷」

烤制时间：20 分钟

看视频学烘焙

## 材料 Material

打发的植物奶油-- 适量
红豆粒-------- 适量
透明果胶----- 适量
椰丝----------- 适量
蛋黄------------5 个
细砂糖------125 克
低筋面粉---- 70 克
玉米淀粉---- 55 克
泡打粉---------2 克
水---------- 70 毫升
色拉油---- 55 毫升
蛋白------------5 个
塔塔粉---------3 克

## 工具 Tool

电动搅拌器，玻璃碗，搅拌器，刷子，筛网，烘焙纸，烤箱，抹刀，蛋糕刀

## 做法 Make

**1.** 将蛋黄、色拉油装入玻璃碗，搅拌均匀。

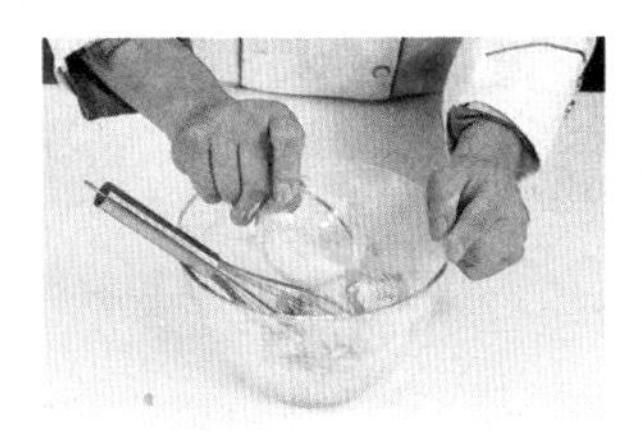

**2.** 将低筋面粉、玉米淀粉、泡打粉过筛入碗，加水、28 克细砂糖拌匀，备用。

**3.** 蛋白倒入另一个碗中打发，加 97 克细砂糖、塔塔粉，快速打发至呈鸡尾状。

**4.** 将步骤 2 和步骤 3 充分搅匀制成面糊。

**5.** 将面糊倒入铺有烘焙纸的烤盘中，撒上适量的红豆粒。

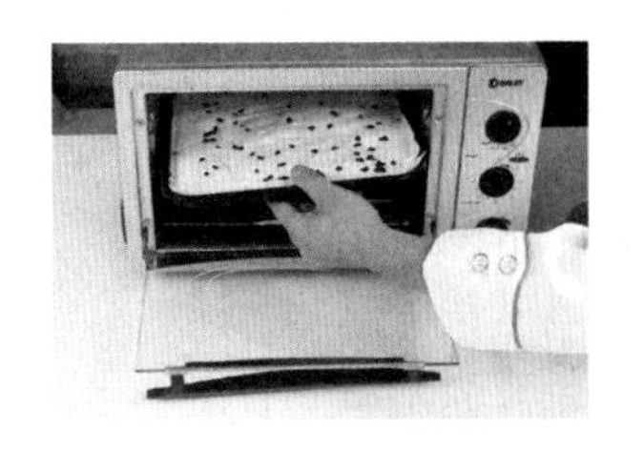

**6.** 放入预热好的烤箱，以上火 180 ℃、下火 160℃烤 20 分钟。

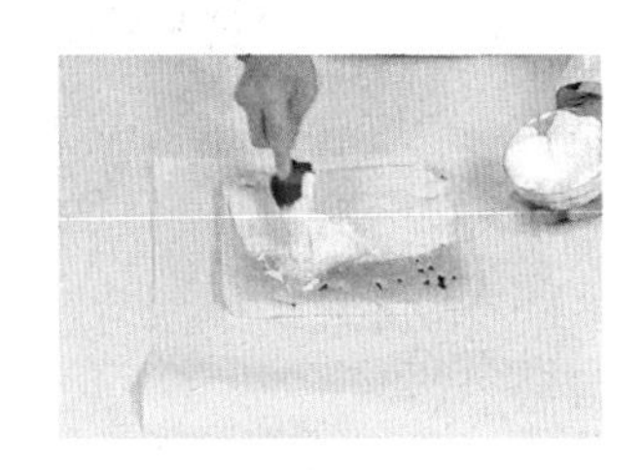

**7.** 取出蛋糕，在蛋糕表面抹上植物鲜奶油。

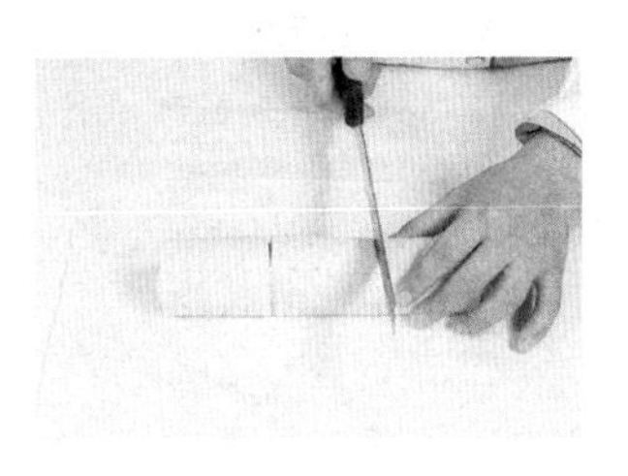

**8.** 将蛋糕卷起，切成三等份，刷上果胶，均匀粘上椰丝即可。

看视频学烘焙

# 「狮皮香芋蛋糕」

**烤制时间：**25 分钟

## 材料 Material

蛋白---------100 克
细砂糖------- 82 克
塔塔粉---------2 克
蛋黄---------130 克
食用油---- 36 毫升
纯牛奶---- 36 毫升
低筋面粉---- 66 克
香芋色香油---2 克
泡打粉---------1 克
鸡蛋------------1 个
香橙果酱----- 适量

## 工具 Tool

搅拌器，电动搅拌器，长柄刮板，玻璃碗，烘焙纸，白纸，蛋糕刀，三角铁板，烤箱

## 做法 Make

**1.** 将 6 克细砂糖倒入玻璃碗中，加入纯牛奶、食用油，用搅拌器搅拌匀。

**2.** 倒入 46 克低筋面粉、泡打粉，搅拌成糊状，加入 50 克蛋黄，充分搅匀成蛋黄糊。

**3.** 将 56 克细砂糖倒入另一个玻璃碗中，加入蛋白，用电动搅拌器快速搅拌均匀。

**4.** 加入塔塔粉，快速打发至鸡尾状成蛋白糊。将蛋白糊放入蛋黄糊中，用长柄刮板搅拌均匀。

**5.** 加入香芋色香油，搅拌匀，再加入余下的蛋白糊拌匀，制成蛋糕浆。

**6.** 将蛋糕浆倒入铺有烘焙纸的烤盘中，抹匀，放入预热好的烤箱。

**7.** 以上、下火均为 170℃烤约 15 分钟至熟。取出，抹上适量香橙果酱，卷成卷。

**8.** 将 80 克蛋黄倒入玻璃碗中，加入 20 克细砂糖、鸡蛋，用电动搅拌器搅匀。

**9.** 加入 20 克低筋面粉，搅拌成面浆，倒入铺有烘焙纸的烤盘里，抹匀。

**10**. 将生坯放入预热好的烤箱，以上下火均为 140℃，烤约 10 分钟至熟制成狮皮。

**11**. 把狮皮倒扣在白纸上，撕去底部的烘焙纸，抹上适量香橙果酱。

**12**. 把蛋糕卷放在狮皮中间，包裹好卷成卷。用蛋糕刀将蛋糕分切成段，装盘即可。

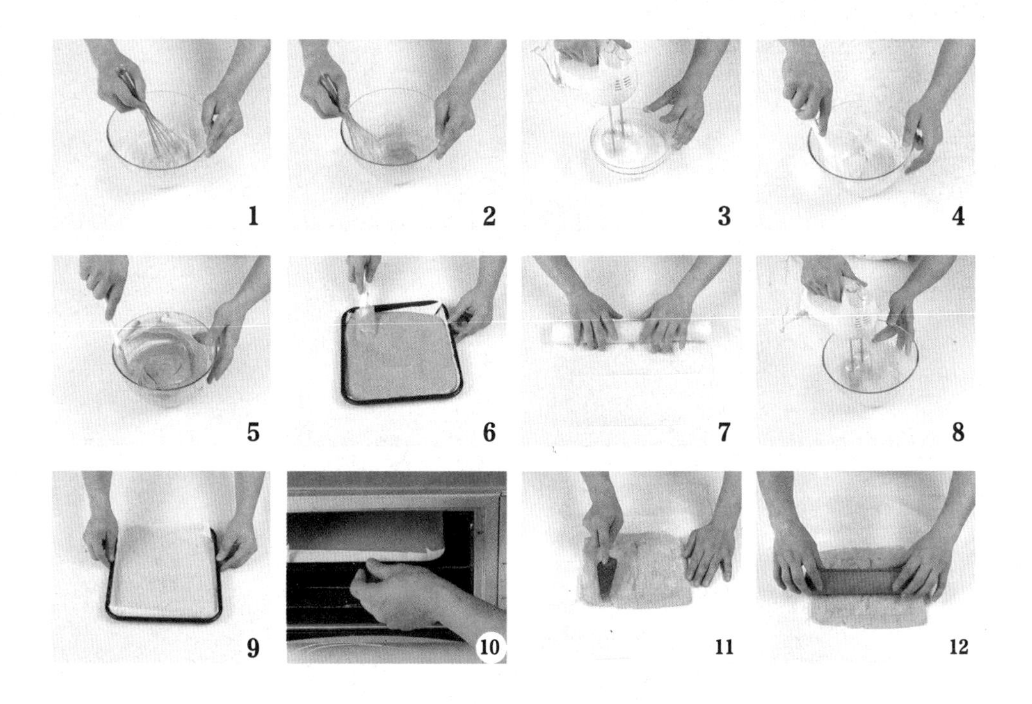

# 「翡翠蛋卷」

**烤制时间：**30 分钟

**材料 Material**

鸡蛋------------3 个
低筋面粉---120 克
色拉油---- 60 毫升
蛋白------------4 个
白糖---------130 克
塔塔粉---------3 克
蛋黄------------4 个
泡打粉---------2 克
水---------- 30 毫升

**工具 Tool**

电动搅拌器，玻璃碗，搅拌器，木棍，蛋糕刀，烤箱，烘焙纸，白纸

## 做法 Make

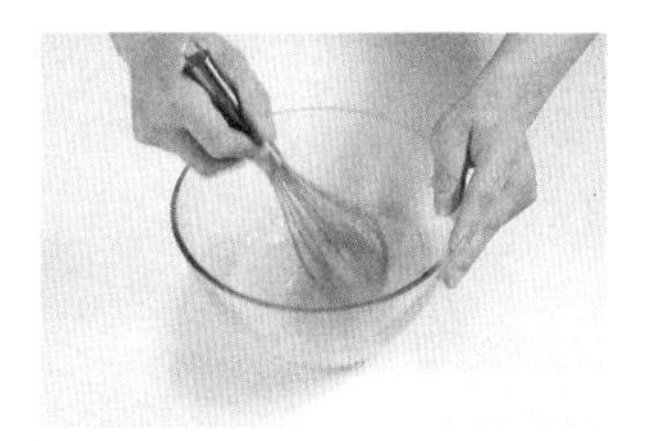

1. 将蛋黄、30 毫升水、30 克白糖倒入碗中，拌匀，加入 30 毫升色拉油、70 克低筋面粉、泡打粉，拌匀，制成蛋黄部分。

2. 将蛋白、50 克白糖倒入另一个碗中，用电动搅拌器搅拌均匀，倒入塔塔粉，搅拌至起泡，制成蛋白部分。

3. 把蛋黄部分倒入蛋白部分中，搅拌均匀，倒入铺有烘焙纸的烤盘中，抹平。

4. 将烤盘放入烤箱中，以上火 160 ℃、下火 180 ℃烤 20 分钟至熟。把烤好的蛋糕取出，倒扣在烘焙纸上。

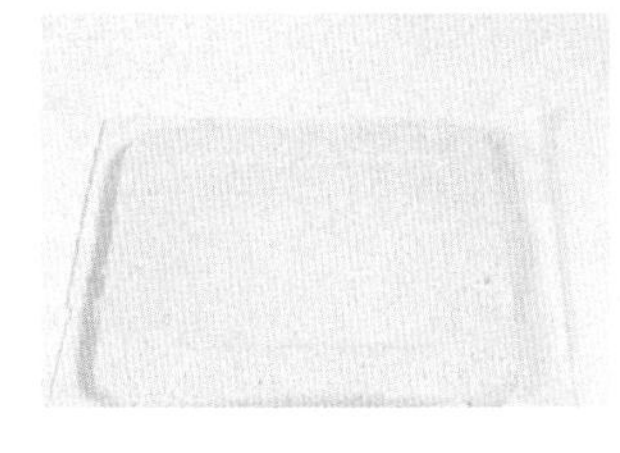

5. 撕去粘在蛋糕上的烘焙纸，用木棍卷起烘焙纸，把蛋糕卷成卷，备用。

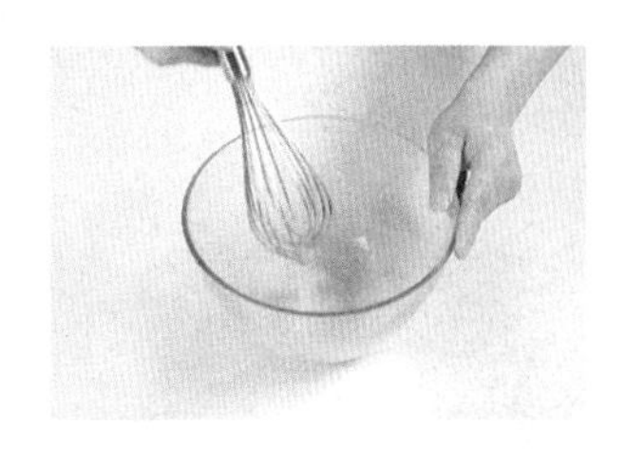

6. 取一个碗，倒入鸡蛋、50 克白糖，搅匀，倒入 50 克低筋面粉、30 毫升色拉油，拌匀，制成面糊。

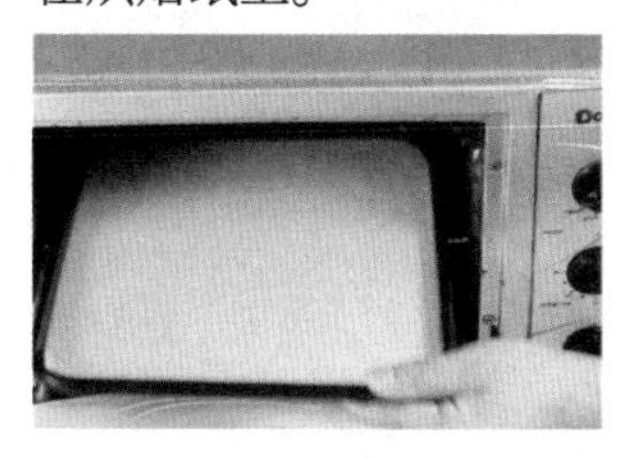

7. 将面糊倒入铺有烘焙纸的烤盘中，抹平，放入烤箱，以上火 190℃、下火 170℃烤 10 分钟至熟。

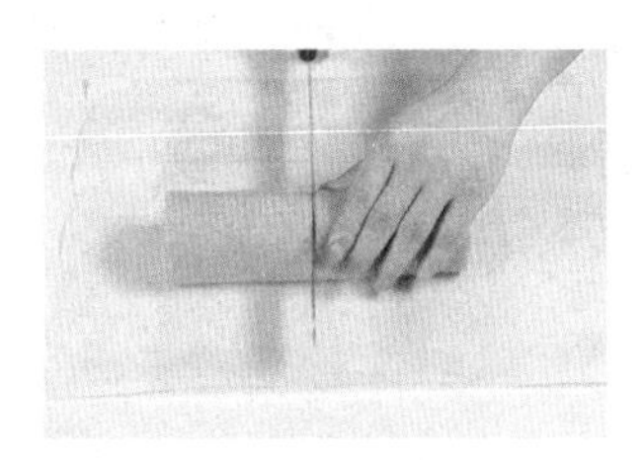

8. 取出蛋卷皮，倒扣在白纸上，撕去烘焙纸，用蛋卷皮把卷好的蛋糕包好，切成段，入盘即可。

看视频学烘焙

# 「紫薯蛋糕卷」

烤制时间：18 分钟

## 材料 Material

蛋黄------------4 个
蛋白------------4 个
白糖---------- 75 克
牛奶------120 毫升
食用油---- 50 毫升
低筋面粉---- 80 克
黄油---------- 40 克
紫薯泥------120 克

## 工具 Tool

电动搅拌器，长柄刮板，搅拌器，玻璃碗，烘焙纸，三角铁板，白纸，木棍，蛋糕刀，烤箱

## 做法 Make

**1.** 取一个玻璃碗，倒入60毫升牛奶、50毫升食用油、35克白糖，用搅拌器搅匀。

**2.** 倒入 80 克低筋面粉，搅匀。

**3.** 倒入 4 个蛋黄，搅拌匀，即成蛋黄糊，备用。

**4.** 另取一个玻璃碗，倒入 4 个蛋白、30 克白糖，用电动搅拌器快速打发至起泡，制成蛋白糊。

**5.** 把做好的蛋黄糊倒入蛋白糊中，用长柄刮板搅拌均匀。

**6.** 把混合好的材料倒入铺有烘焙纸的烤盘上，用长柄刮板抹匀。

**7.** 放入烤箱，以上下火均为 170°C烤约 18 分钟至熟。

**8.** 取一个玻璃碗，倒入120克紫薯泥、40克黄油、60毫升牛奶、10 克白糖，拌匀成紫薯馅。

**9.** 把蛋糕取出，倒扣在白纸上，撕去粘在蛋糕上的烘焙纸。

**10.** 在蛋糕上均匀地抹上一层紫薯馅。

**11.** 用木棍卷起白纸，然后把蛋糕卷成卷。

**12.** 将两端切整齐，接着对半切开即可食用。

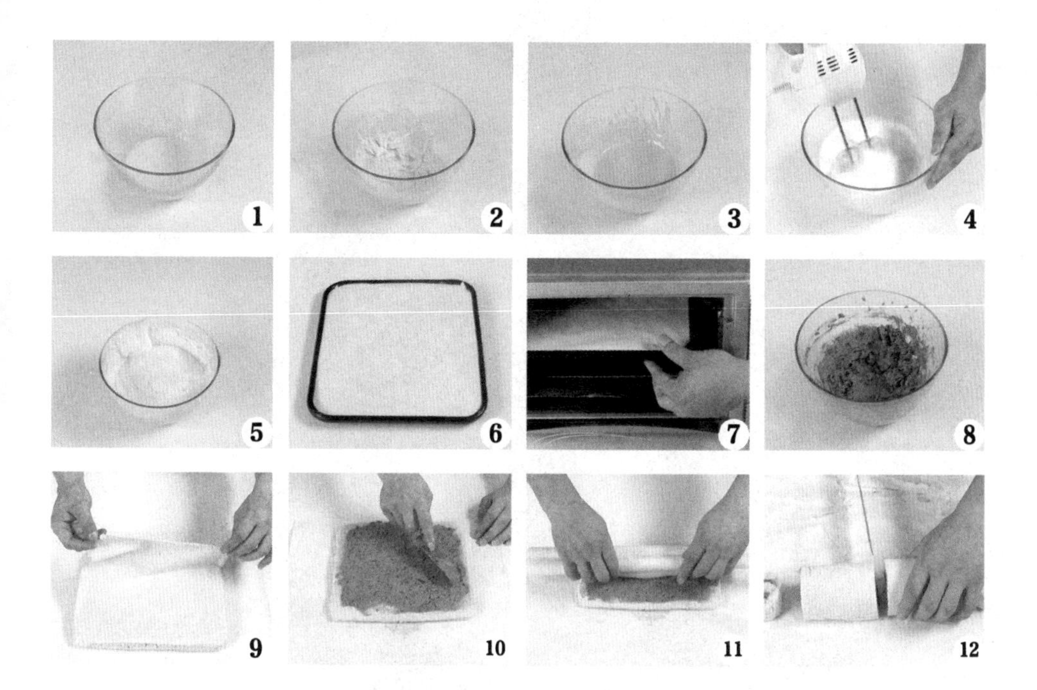

# 「巧克力毛巾卷」

**烤制时间：**20 分钟

## 材料 Material

蛋黄---------- 75 克
色拉油---- 80 毫升
低筋面粉---- 75 克
可可粉------- 10 克
淀粉---------- 15 克
蛋白---------170 克
细砂糖------- 60 克
塔塔粉---------4 克
吉士粉------- 10 克
水---------- 95 毫升

## 工具 Tool

玻璃碗，搅拌器，电动搅拌器，长柄刮板，木棍，蛋糕刀，烤箱，白纸，烘焙纸

## 做法 Make

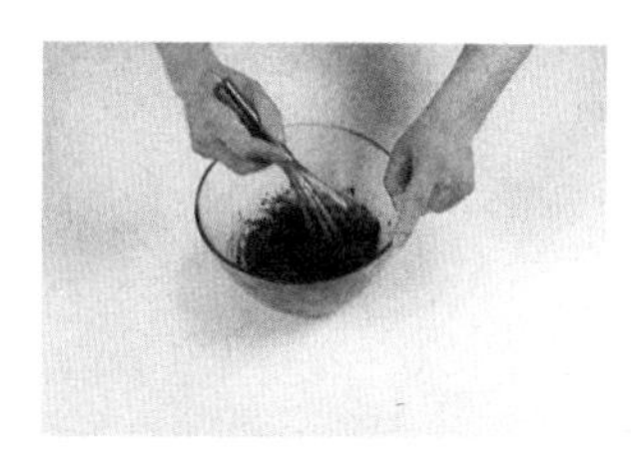

**1.** 将25毫升色拉油倒入玻璃碗中，加入30毫升水、25克低筋面粉、可可粉、5克淀粉、30克蛋黄，用搅拌器搅匀，制成蛋黄部分A。

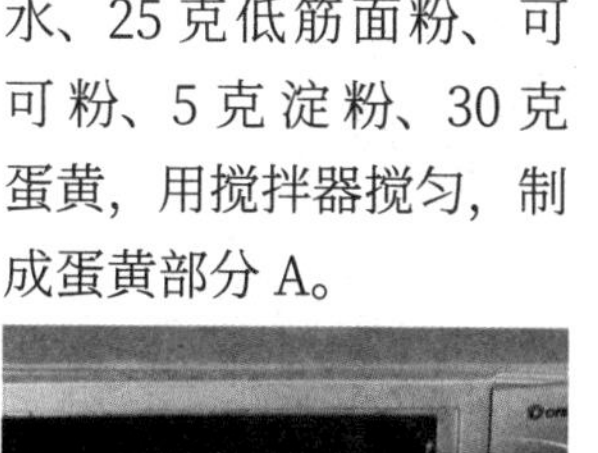

**2.** 将70克蛋白倒入玻璃碗中，加入30克细砂糖，搅匀，加入2克塔塔粉，打发，制成蛋白部分A。

**3.** 将蛋白部分A倒入蛋黄部分A中，拌匀，制成可可粉蛋糕浆，倒入铺有烘焙纸的烤盘里。

**4.** 将可可粉蛋糕浆放入预热好的烤箱里，以上、下火均为160℃烤制10分钟。

**5.** 将10克淀粉、吉士粉、50克低筋面粉、55毫升色拉油、65毫升水、45克蛋黄倒入碗中，搅匀，制成蛋黄部分B。

**6.** 将100克蛋白倒入玻璃碗中，加入30克细砂糖，搅匀，加入2克塔塔粉，用电动搅拌器打发，制成蛋白部分B。

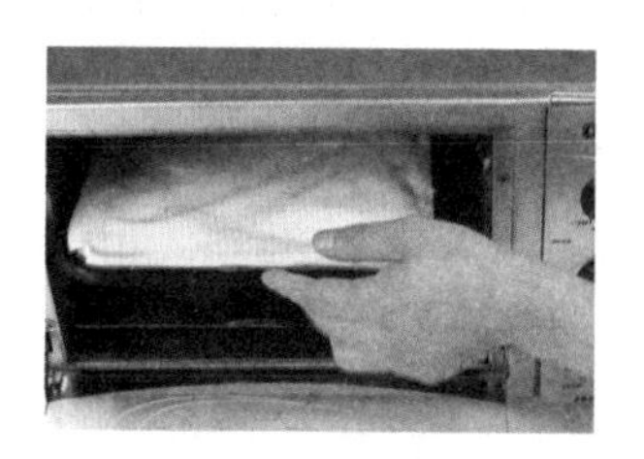

**7.** 将步骤6放入步骤5中，搅匀，倒在烤好的可可粉蛋糕上，抹匀，放入烤箱中，以上、下火均为160℃烤10分钟至熟。

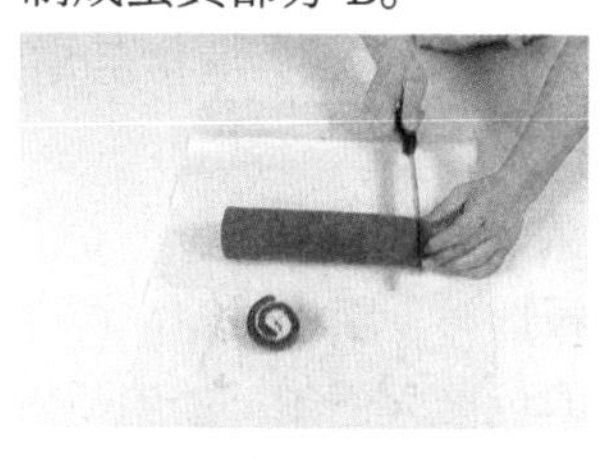

**8.** 取出蛋糕倒扣在白纸上，撕去烘焙纸，翻面，用木棍将白纸卷起，把蛋糕卷成卷，摊开白纸，切成段即可。

# 「核桃戚风蛋糕」

**烤制时间：**35 分钟

### 材料 Material

鸡蛋------------2 个
枫糖浆------- 30 克
细砂糖------- 25 克
葡萄籽油- 20 毫升
水---------- 30 毫升
低筋面粉---- 50 克
泡打粉---------3 克
盐-------------- 少许
核桃（或胡桃）30 克

### 工具 Tool

筛网，模具，烤箱，长柄刮板，搅拌器，搅拌碗

### 做法 Make

**1.** 将低筋面粉和盐过筛 2 或 3 次备用；将核桃切小块。

**2.** 搅拌碗里加入分离好的蛋白，用搅拌器打好后，加入 18 克细砂糖拌匀，把泡打到能很好地黏住搅拌器为止，待用。

**3.** 蛋黄加 17 克细砂糖拌至变灰，倒入枫糖浆、葡萄籽油、水，搅拌均匀。

**4.** 加入过筛的低筋面粉、泡打粉、盐、核桃、蛋白，用长柄刮板拌匀，制成面糊。

**5.** 模具内装入面糊，放到预热至 170℃的烤箱里，烤 35 分钟，冷却后脱模。

# 「斑马蛋糕卷」

烤制时间：30 分钟

## 材料 Material

水---------100 毫升
色拉油---- 85 毫升
低筋面粉---162 克
玉米淀粉---- 25 克
奶香粉---------2 克
蛋黄---------125 克
蛋白---------325 克
细砂糖------188 克
塔塔粉---------4 克
食盐------------2 克
可可粉-------- 适量
柠檬果膏----- 适量

## 工具 Tool

搅拌器，电动搅拌器，裱花袋，烘焙纸，蛋糕刀，抹刀，烤箱

## 做法 Make

**1.** 把水、色拉油倒在一起拌匀，加入低筋面粉、玉米淀粉、奶香粉，用搅拌器拌匀至无粉粒，加入蛋黄拌匀成光亮的面糊备用。

**2.** 把蛋白、细砂糖、塔塔粉、食盐倒在一起，用电动搅拌器打至鸡尾状，分次加入步骤 1 中完全拌匀，制成面糊。

**3.** 取少量面糊，加入可可粉拌匀后装入裱花袋，在垫有烘焙纸的烤盘内挤成条状，再倒入原色面糊，入烤箱以上、下火均为 170℃烤 30 分钟至熟。

**4.** 取出烤好的蛋糕在表面抹上柠檬果膏，卷起，静置片刻，用蛋糕刀分切成小件即可。

# 「全麦蛋糕」

**烤制时间：**约 30 分钟

**材料 Material**

水---------- 60 毫升
鲜奶------- 60 毫升
色拉油---- 67 毫升
低筋面粉---117 克
全麦粉------- 50 克
蛋黄---------- 94 克
蛋白---------200 克
砂糖---------100 克
塔塔粉---------4 克
食盐------------2 克
柠檬果膏----- 适量

**工具 Tool**

玻璃碗，搅拌器，电动搅拌器，长柄刮板，烤箱，烘焙纸，白纸，蛋糕刀，抹刀，木棍

## 做法 Make

**1.** 水、鲜奶、色拉油混合拌匀，加入低筋面粉、全麦粉搅拌至无颗粒，再加入蛋黄拌匀，待用。

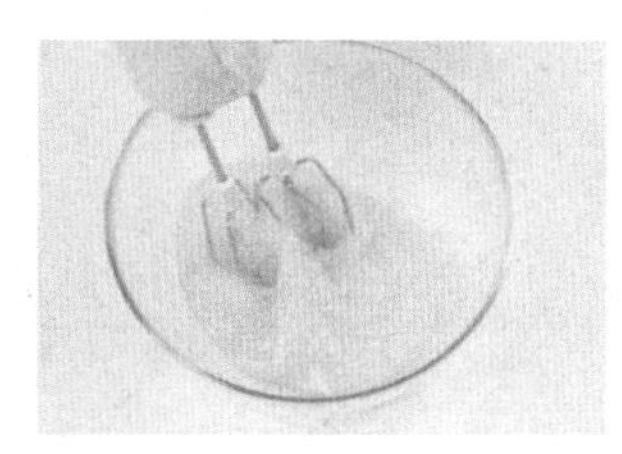

**2.** 把蛋白、砂糖、塔塔粉、食盐拌匀，中速打至砂糖溶化，再转快速打至原体积的 3 倍，制成蛋白霜。

**3.** 把步骤 2 分次加入步骤 1 中，快速、完全混合拌均匀。

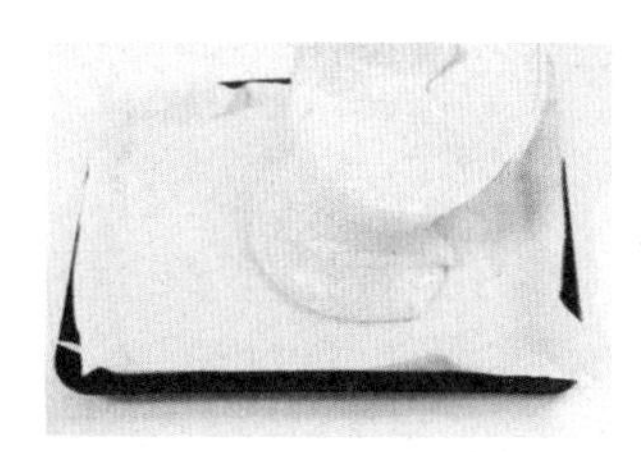

**4.** 倒入铺了烘焙纸的烤盘中，抹至厚薄均匀，入炉以 180℃炉温烘烤约 30 分钟至熟，出炉。

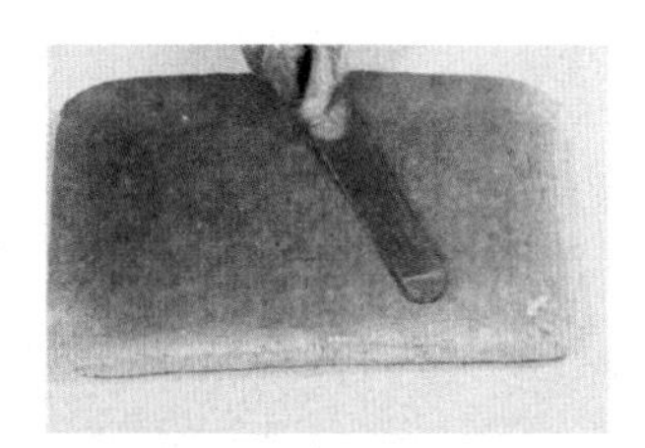

**5.** 把冷却的蛋糕体放到铺了白纸的案台上，取走粘在糕体上的烘焙纸，在表面抹上柠檬果膏。

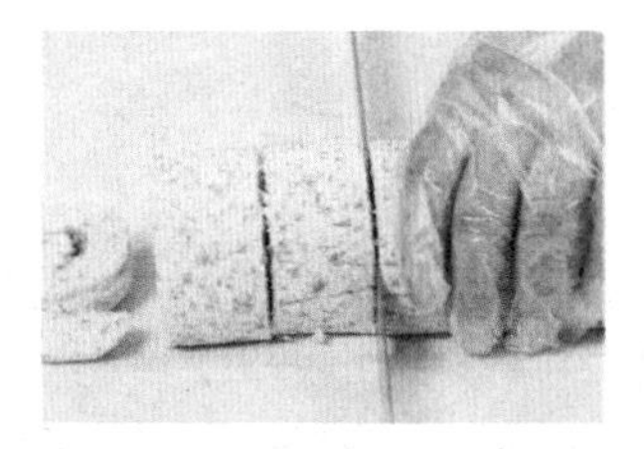

**6.** 将蛋糕体卷成长条状，静置 30 分钟以上，再分切成小件即可。

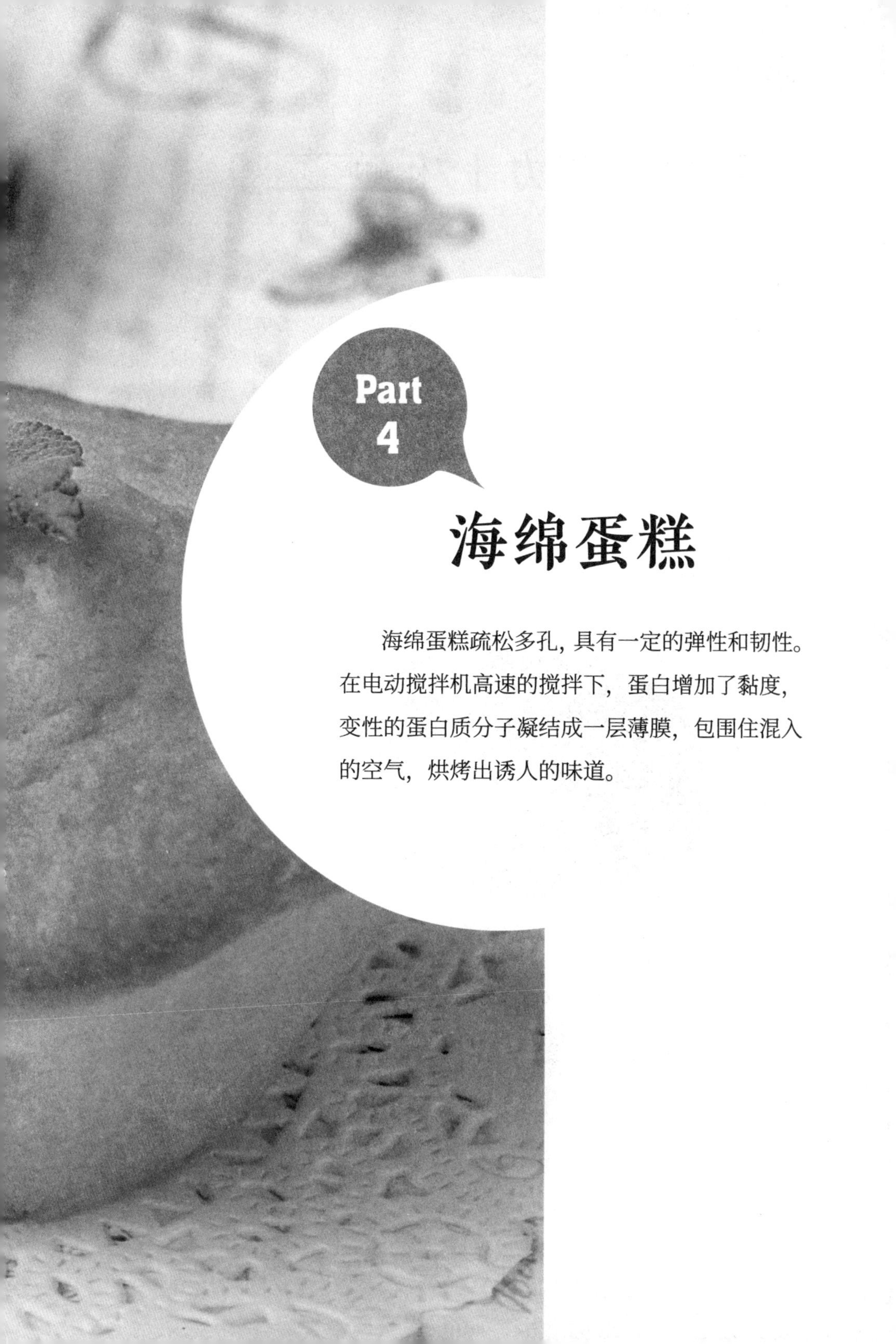

Part
4

# 海绵蛋糕

海绵蛋糕疏松多孔，具有一定的弹性和韧性。在电动搅拌机高速的搅拌下，蛋白增加了黏度，变性的蛋白质分子凝结成一层薄膜，包围住混入的空气，烘烤出诱人的味道。

# 「那提巧克力」

**烤制时间：** 15 分钟

看视频学烘焙

**材料 Material**

全蛋---------216 克
白糖---------- 86 克
香草粉---------2 克
中筋面粉---- 80 克
蛋糕油------- 12 克
可可粉------- 17 克
小苏打---------2 克
水---------- 56 毫升
色拉油---- 42 毫升

**工具 Tool**

电动搅拌器，长柄刮板，木棍，蛋糕刀，烤箱，玻璃碗，烘焙纸，筛网

## 做法 Make

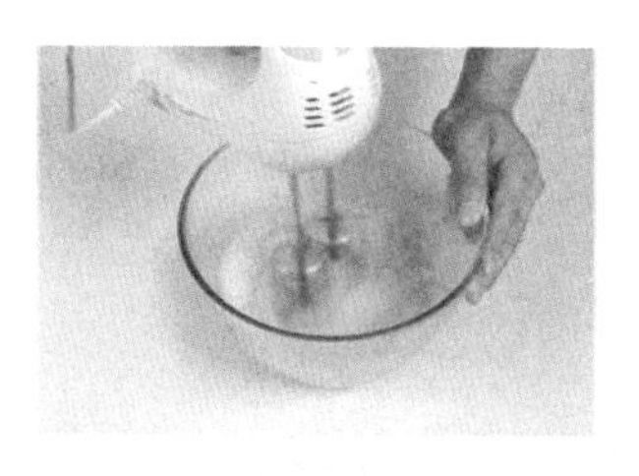

1.把全蛋倒入玻璃碗中，放入白糖，用电动搅拌器搅拌匀。

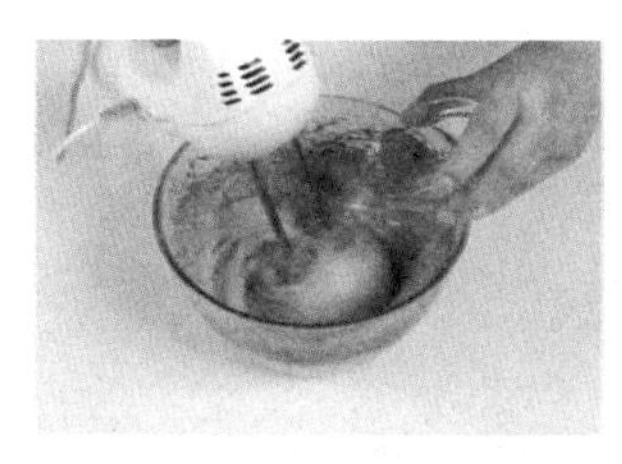

2. 加入中筋面粉、可可粉、小苏打、香草粉、蛋糕油，倒入水，加入色拉油，搅匀。

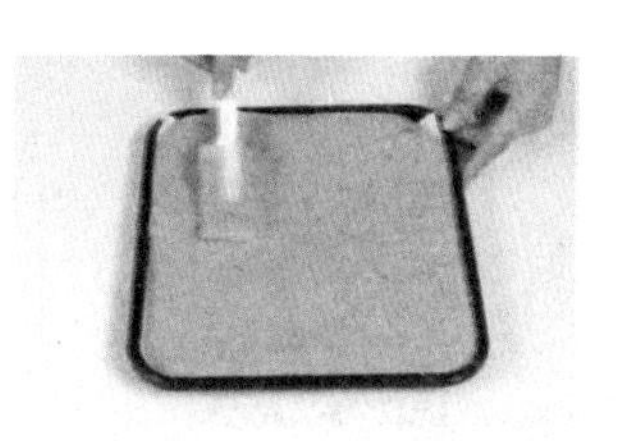

3. 在烤盘上铺一张烘焙纸，倒入搅拌好的材料，用长柄刮板抹平。

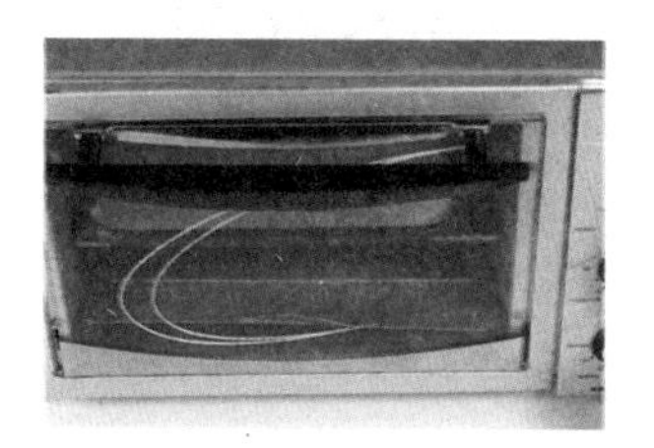

4. 将烤盘放入烤箱中，以上、下火均为 170℃烤 15 分钟至熟。

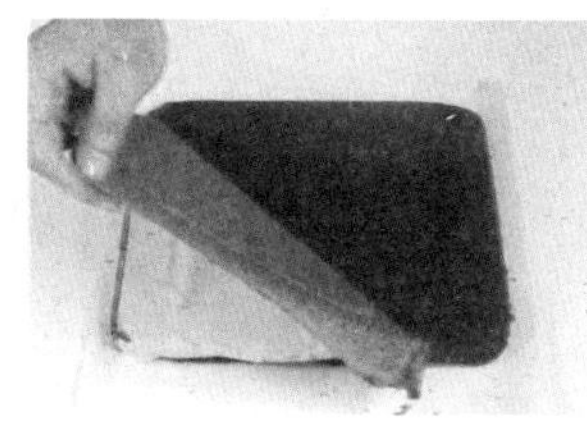

5. 取出烤盘，将蛋糕扣在烘焙纸上，撕去蛋糕底部的烘焙纸。

6.用木棍将烘焙纸卷起，将蛋糕卷成卷，再切成均匀的四段，筛上可可粉，装盘即可。

# 「香蕉蛋糕」

**烤制时间：** 25 分钟

看视频学烘焙

## 材料 Material

鸡蛋------------2 个
细砂糖------- 90 克
水---------- 25 毫升
香蕉泥------100 克
低筋面粉---- 70 克
泡打粉---------1 克
食粉------------1 克
盐---------------1 克
食用油---- 50 毫升
白芝麻-------- 适量

## 工具 Tool

玻璃碗，电动搅拌器，长柄刮板，木棍，蛋糕刀，烘焙纸、白纸，烤箱

## 做法 Make

**1.** 将鸡蛋倒入玻璃碗中，加入细砂糖，用电动搅拌器搅匀。
**2.** 加入低筋面粉、泡打粉、食粉、盐，搅拌成糊状。
**3.** 放入香蕉泥，搅匀，边加水边搅拌，加入食用油，搅成蛋糕浆。
**4.** 把蛋糕浆倒入铺有烘焙纸的烤盘里，用长柄刮板抹匀。
**5.** 蛋糕浆上撒一层白芝麻，放入预热好的烤箱里，以上、下火均 170℃烤约 25 分钟至熟。
**6.** 取出，将蛋糕倒扣在白纸上，撕去烘焙纸，用木棍将白纸卷起，把蛋糕卷成卷。
**7.** 摊开白纸，用蛋糕刀将蛋糕卷两端切齐整，再切成小段。
**8.** 将切好的蛋糕卷装盘即可。

# 「无水蛋糕」

烤制时间：15 分钟

看视频学烘焙

## 材料 Material

低筋面粉---100 克
细砂糖------100 克
鸡蛋------------2 个
色拉油---100 毫升
泡打粉---------4 克

## 工具 Tool

玻璃碗，电动搅拌器，蛋糕杯，刷子，烤箱

## 做法 Make

**1.** 取一个玻璃碗，倒入鸡蛋和细砂糖。
**2.** 用电动搅拌器将鸡蛋和细砂糖快速搅拌均匀。
**3.** 倒入备好的低筋面粉和泡打粉，反复搅拌均匀。
**4.** 加入适量色拉油，将所有材料搅成纯滑的面浆。
**5.** 取 4 个蛋糕杯，用刷子逐一在内壁刷上一层色拉油。
**6.** 将准备好的面浆装入蛋糕杯中，装约八分满即可。
**7.** 将装有面浆的蛋糕杯一起放入烤盘中。
**8.** 将放有蛋糕杯的烤盘放入烤箱。
**9.** 以上、下火均为 170°C的温度烘烤 15 分钟至熟。
**10.** 打开烤箱门，把烤好的蛋糕取出。
**11.** 把烤好的蛋糕脱模，装盘即可。

# 「香橙吉士蛋糕」

烤制时间：20 分钟

### 材料 Material

鸡蛋---------150 克
细砂糖------- 88 克
蛋糕油------- 10 克
高筋面粉---- 40 克
低筋面粉---- 50 克
牛奶------- 40 毫升
香橙色香油---3 克
色拉油---- 50 毫升

### 工具 Tool

电动搅拌器，玻璃碗，长柄刮板，圆形模具，烤箱

## 做法 Make

**1.** 将细砂糖、鸡蛋倒入玻璃碗中，用电动搅拌器搅拌至起泡。

**2.** 加入高筋面粉、低筋面粉、蛋糕油，拌匀，一边搅拌一边倒入牛奶，加入色拉油，拌匀。

**3.** 加入香橙色香油，用长柄刮板拌匀，待用。

**4.** 把拌好的材料倒入蛋糕模具，约六分满即可。

**5.** 打开烤箱，将模具放入烤箱中，关上烤箱，以上、下火均为160℃烤约20分钟至熟。

**6.** 取出模具，待凉，取出蛋糕，放入盘中，食用时切片即可。

# 「维也纳蛋糕」

**烤制时间：**20 分钟

## 材料 Material

鸡蛋---------200 克
蜂蜜---------- 20 克
低筋面粉---100 克
细砂糖------170 克
奶粉---------- 10 克
朗姆酒---- 10 毫升
黑巧克力液-- 适量
白巧克力液-- 适量

## 工具 Tool

电动搅拌器，长柄刮板，裱花袋，剪刀，蛋糕刀，烤箱，玻璃碗，烘焙纸，白纸

## 做法 Make

**1.** 将鸡蛋、细砂糖倒入玻璃碗，用电动搅拌器快速搅拌匀。
**2.** 在低筋面粉中倒入奶粉。将混合好的材料倒入碗中，搅拌均匀。
**3.** 倒入朗姆酒，加入蜂蜜，搅拌均匀，制作成蛋糕浆。
**4.** 在烤盘上铺一张烘焙纸，倒入蛋糕浆，抹匀，震平。
**5.** 放入烤箱，以上、下火均为 170℃，烤 20 分钟至熟。
**6.** 在案台上铺一张白纸，将烤盘倒扣在白纸一端，撕去粘在蛋糕底部的烘焙纸。
**7.** 盖上白纸的另一端，将蛋糕翻面，把四周切整齐。
**8.** 把黑巧克力液、白巧克力液分别装入裱花袋中。
**9.** 在装有白巧克力液的裱花袋的尖端剪一个小口，在蛋糕上斜向挤上白巧克力液。
**10.** 在装有黑巧克力液的裱花袋的尖端剪一个小口。
**11.** 沿着已经挤好的白巧克力液，挤入黑巧克力液。
**12.** 待巧克力凝固后，将蛋糕切成长方块，装盘即可。

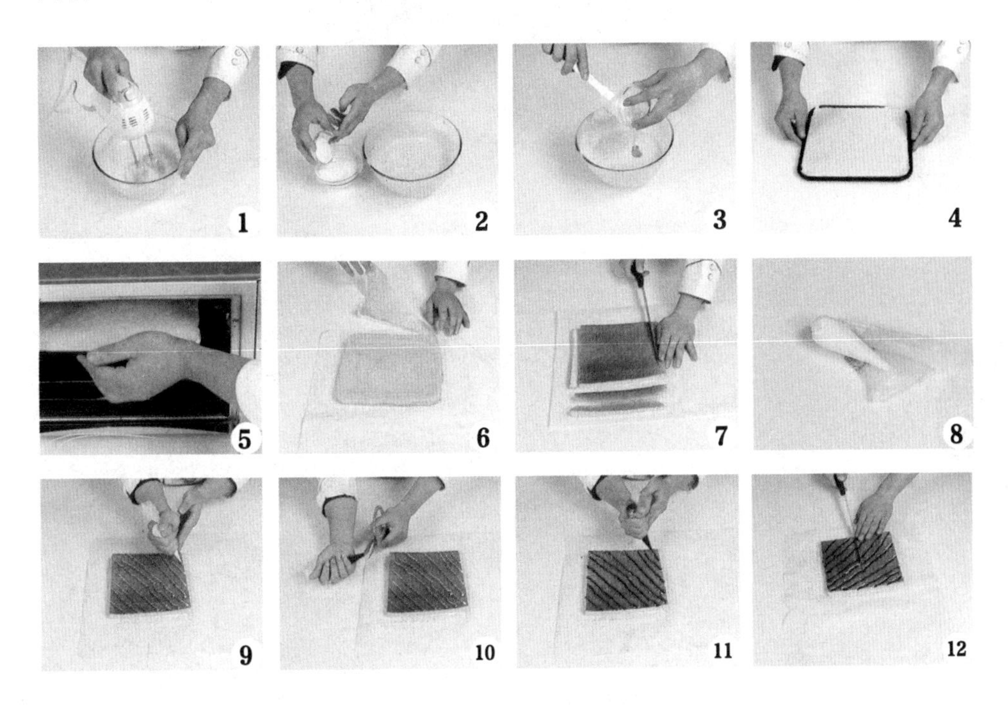

# 「格格蛋糕」

**烤制时间：** 20 分钟

## 材料 Material

鸡蛋---------250 克
白糖---------112 克
低筋面粉---170 克
小苏打---------2 克
泡打粉---------2 克
蛋糕油---------4 克
色拉油---- 47 毫升
水---------- 46 毫升
奶粉------------5 克
牛奶------- 38 毫升

## 工具 Tool

电动搅拌器，蛋糕刀，烤箱，玻璃碗，烘焙纸

## 做法 Make

1. 取一玻璃碗，放入白糖，倒入备好的鸡蛋，快速地搅拌一会儿，至鸡蛋四成发。

2. 倒入低筋面粉、小苏打、泡打粉，撒上奶粉，拌匀，放入蛋糕油，拌匀，至食材充分融合。

3. 注入水，边倒边搅拌，再慢慢倒入牛奶，搅拌均匀。

4. 淋入备好的色拉油，拌匀，至材料柔滑，倒入垫有烘焙纸的烤盘中，铺开、摊平，待用。

5. 烤箱预热，放入烤盘，以上、下火均为 160℃的温度烤约 20 分钟，至食材熟透。

6. 断电后取出烤熟的蛋糕，放凉后去除烘焙纸，均匀地切上条形花纹，再分成小块即可。

看视频学烘焙

# 「马力诺蛋糕」

**烤制时间：** 18 分钟

## 材料 Material

鸡蛋------------5 个
细砂糖------110 克
低筋面粉---- 75 克
牛奶------- 45 毫升
高筋面粉---- 30 克
咖啡粉------- 10 克
色拉油---- 32 毫升
蛋糕油------- 10 克
泡打粉---------4 克
香橙果酱----- 适量

## 工具 Tool

电动搅拌器，长柄刮板，玻璃碗，裱花袋，木棍，抹刀，蛋糕刀，剪刀，烘焙纸，烤箱

## 做法 Make

**1.** 将鸡蛋倒入玻璃碗中，加入细砂糖，用电动搅拌器搅拌均匀。

**2.** 倒入高筋面粉、低筋面粉、泡打粉、蛋糕油，搅拌均匀。

**3.** 一边倒入牛奶，一边搅拌。倒入色拉油并不停搅拌，制成面糊。

**4.** 将 1/3 的面糊倒入另一个玻璃碗。在余下的面糊中加入咖啡粉，用长柄刮板搅拌，再打发均匀。

**5.** 把玻璃碗中的面糊装入裱花袋，将加入咖啡粉的面糊装入另一个裱花袋。

**6.** 在装有面糊的裱花袋的尖端剪一个小口，挤入铺有烘焙纸的烤盘中。

**7.** 在加入咖啡粉的面糊的裱花袋的尖端剪一个小口，挤入铺有烘焙纸烤盘中。

**8.** 将两种面糊以交错的方式挤入烤盘，制成马力诺蛋糕生坯。

**9.** 烤箱上、下火均调至 170℃，烤 18 分钟至熟，即可取出。

**10.** 将烤盘倒扣在铺有烘焙纸的案台上，撕去粘在蛋糕底部的烘焙纸。

**11.** 将蛋糕翻面，用抹刀在蛋糕表面均匀地抹上适量香橙果酱。

**12.** 用木棍将烘焙纸卷起，把蛋糕卷成卷，静置一会儿。去除烘焙纸，用蛋糕刀切成四等份，装入盘中即可。

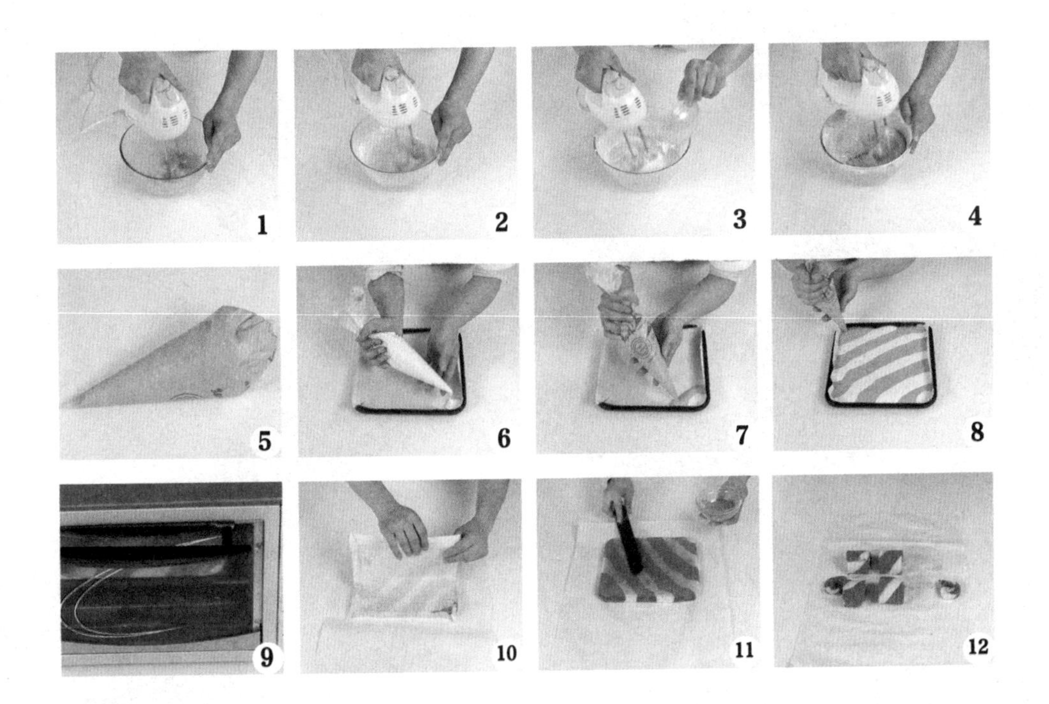

# 「寿司蛋糕卷」

**烤制时间：**约 25 分钟

### 材料 Material

全蛋---------600 克
砂糖---------280 克
食盐------------3 克
低筋面粉---280 克
奶香粉---------2 克
泡打粉---------2 克
蛋糕油------- 25 克
水---------- 30 毫升
鲜奶------- 30 毫升
色拉油---100 毫升
黄瓜丝-------- 适量
火腿肠-------- 适量
乳酪丝-------- 适量
沙拉酱-------- 适量
即食紫菜片-- 适量

### 工具 Tool

玻璃碗，电动搅拌器，长柄刮板，烤箱，白纸，蛋糕刀，锯齿刀，烘焙纸

## 做法 Make

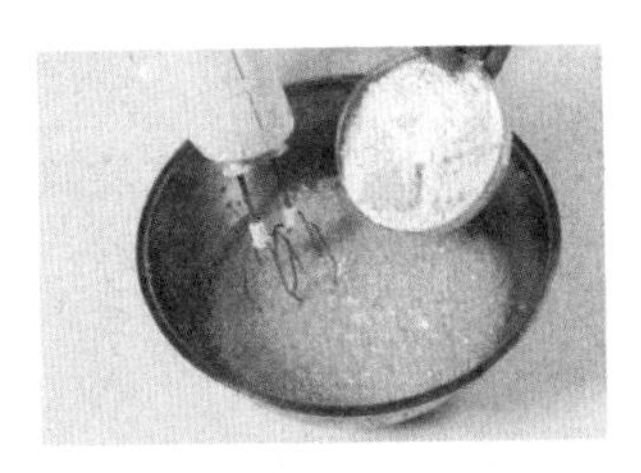

**1.** 全蛋、砂糖混合打溶，呈泡沫状，再加入低筋面粉、奶香粉、泡打粉、蛋糕油，慢速拌至无粉粒。

**2.** 转快速打至原体积的3.5倍，接着分次加入鲜奶、水、色拉油搅拌成光亮的面糊。

**3.** 将面糊倒入铺有烘焙纸的烤盘，抹至厚薄均匀，入炉以180℃温度烤约25分钟至完全熟透，出炉冷却。

**4.** 把蛋糕体放到铺有白纸的案台上，取走糕体上的烘焙纸，用锯齿刀去除表皮，挤上沙拉酱。

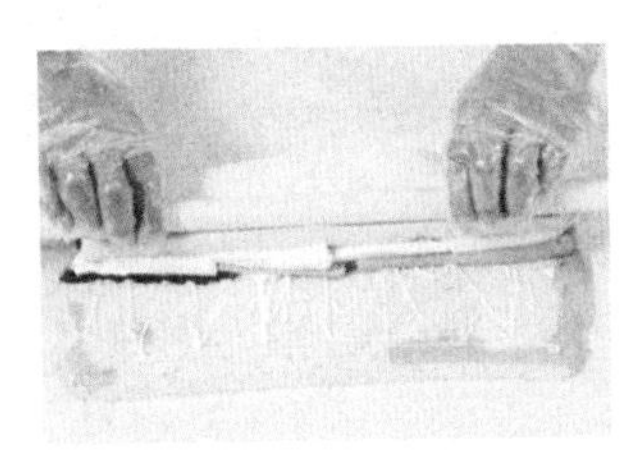

**5.** 排上黄瓜丝、火腿肠、乳酪丝，卷起，静置30分钟。

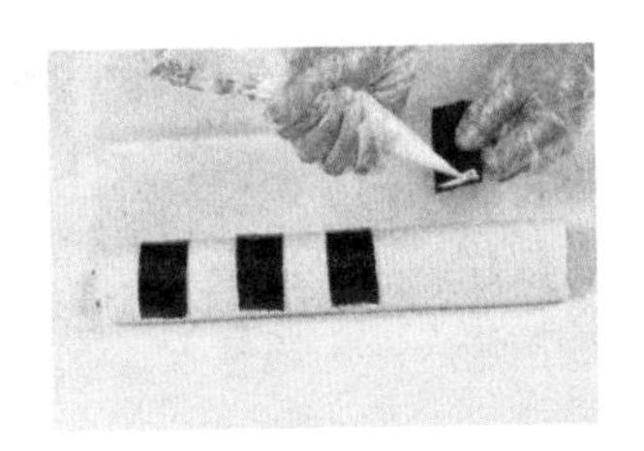

**6.** 先在紫菜片两端挤上少许沙拉酱，然后放在蛋糕卷上，依次排列，再将蛋糕分切成小件即可。

# 「杏仁哈雷蛋糕」

**烤制时间：** 15 分钟

看视频学烘焙

## 材料 Material

鸡蛋---------250 克
低筋面粉---250 克
泡打粉---------5 克
细砂糖------250 克
食用油---250 毫升
杏仁片-------- 适量
沙拉酱-------- 适量

## 工具 Tool

玻璃碗，电动搅拌器，筛网，长柄刮板，蛋糕纸杯，刷子，烤箱

## 做法 Make

**1.** 将鸡蛋、细砂糖倒入玻璃碗中，用电动搅拌器快速拌匀，至其呈乳白色。

**2.** 用筛网依次将低筋面粉、泡打粉过筛至玻璃碗中，搅匀。

**3.** 加入食用油，搅拌匀，打发至浆糊状。

**4.** 将蛋糕纸杯放在烤盘上。

**5.** 用长柄刮板将浆糊状面糊倒入纸杯中，倒至纸杯一半即可。

**6.** 再撒入适量杏仁片。

**7.** 将烤盘放入烤箱中，调成上火 200℃、下火 180℃，烤制 15 分钟，至其呈金黄色。

**8.** 取出，在蛋糕表面刷上适量沙拉酱即可。

# 「巧克力海绵蛋糕」

**烤制时间：** 20 分钟

看视频学烘焙

## 材料 Material

鸡蛋---------335 克
细砂糖------155 克
低筋面粉---125 克
食粉--------- 2.5 克
纯牛奶---- 50 毫升
食用油---- 28 毫升
可可粉------- 50 克

## 工具 Tool

玻璃碗，长柄刮板，电动搅拌器，烘焙纸，白纸，蛋糕刀，烤箱

## 做法 Make

**1.** 将鸡蛋、细砂糖倒入玻璃碗中，用电动搅拌器快速搅拌匀，制成蛋液。
**2.** 在低筋面粉中倒入食粉、可可粉。
**3.** 将混合好的材料倒入蛋液中，快速搅拌匀。
**4.** 倒入纯牛奶、食用油，快速搅拌均匀，制成蛋糕浆。
**5.** 在烤盘铺一张烘焙纸，倒入蛋糕浆，用长柄刮板抹匀。
**6.** 放入烤箱，以上、下火均为 170℃烤 20 分钟至熟。
**7.** 在案台上铺一张白纸，将烤盘倒扣在白纸一端，撕去粘在蛋糕底部的烘焙纸。
**8.** 把白纸另一端盖住蛋糕，将其翻面。
**9.** 用蛋糕刀将蛋糕切成三角形，装盘即成。

# 「抹茶蜂蜜蛋糕」

烤制时间：20 分钟

## 材料 Material

鸡蛋---------160 克
蛋糕油------- 10 克
细砂糖------100 克
高筋面粉---- 35 克
低筋面粉---- 65 克
抹茶粉---------5 克
牛奶---------4 毫升
蜂蜜------- 10 毫升

## 工具 Tool

蛋糕刀，长柄刮板，烤箱，电动搅拌器，烘焙纸，玻璃碗

## 做法 Make

**1.** 取一个玻璃碗，倒入细砂糖、鸡蛋，搅拌至起泡，倒入高筋面粉、低筋面粉、抹茶粉，充分搅拌均匀。

**2.** 分次加入蛋糕油，一边倒入一边搅拌，再分次加入牛奶、蜂蜜，搅匀，制成面糊。

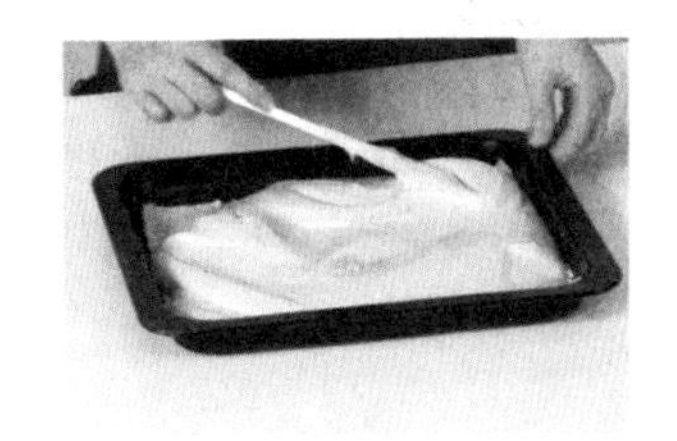

**3.** 烤盘上铺上烘焙纸，将拌好的面糊倒入烤盘，抹匀。

**4.** 将烤盘放入预热好的烤箱内，关好烤箱门，上、下火均调为170℃，烤制20分钟至熟。

**5.** 待20分钟后，取出烤盘，放凉。将蛋糕倒扣在烘焙纸上，撕去粘在蛋糕底部的烘焙纸。

**6.** 将蛋糕四周不整齐的地方切掉，再将剩余的切出自己喜欢的形状，装入盘中即可。

看视频学烘焙

# 「蜂蜜海绵蛋糕」

烤制时间：20 分钟

## 材料 Material

鸡蛋---------200 克
蛋黄---------- 45 克
细砂糖------130 克
盐---------------3 克
蜂蜜------- 40 毫升
水---------- 40 毫升
高筋面粉---125 克

## 工具 Tool

玻璃碗，电动搅拌器，烘焙纸，白纸，蛋糕刀，烤箱

## 做法 Make

**1.** 取一个玻璃碗，倒入鸡蛋、蛋黄、细砂糖，用电动搅拌器打发搅拌至起泡。
**2.** 加入盐搅拌均匀，倒入高筋面粉，充分搅拌均匀。
**3.** 分次加入蜂蜜，一边加入，一边搅拌均匀。
**4.** 分次加入水，将所有的食材搅拌均匀，制成面糊。
**5.** 在烤盘上铺上烘焙纸，将搅拌好的面糊倒入烤盘。
**6.** 将烤盘放入已经预热 5 分钟的烤箱内，关好烤箱门。
**7.** 将上、下火均调为 170℃，时间定为 20 分钟，烤至蛋糕松软。
**8.** 20 分钟后，取出烤盘，静置放凉。
**9.** 将蛋糕倒扣在白纸上。
**10.** 撕去蛋糕底部的烘焙纸。
**11.** 将蛋糕四周不整齐的地方切掉。
**12.** 将剩余的蛋糕切出自己喜欢的形状，装入盘中，淋上蜂蜜即可。

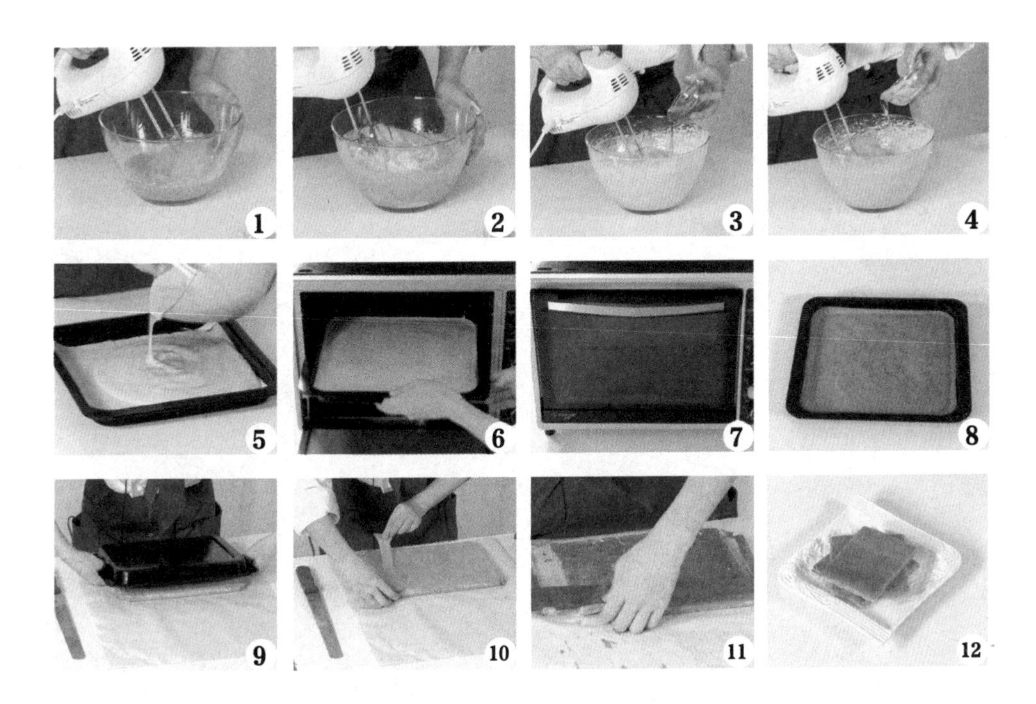

# 「香草布丁蛋糕」

**烤制时间：**25 分钟

**材料 Material**

全蛋---------250 克
砂糖---------130 克
低筋面粉---150 克
粟粉---------- 30 克
香草粉---------3 克
蛋糕油------- 12 克
牛奶------- 25 毫升
水---------- 25 毫升
色拉油---- 70 毫升
卡士达馅----- 适量

**工具 Tool**

电动搅拌器，裱花袋，刷子，模具，烤箱

## 做法 Make

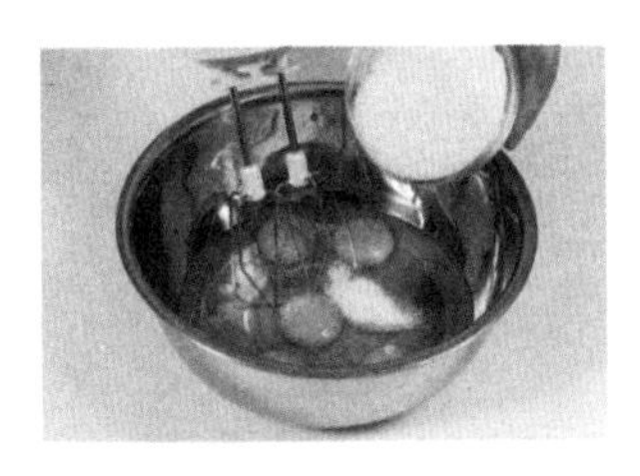

**1.** 把全蛋、砂糖用电动搅拌器中速打至砂糖完全溶化。

**2.** 加入低筋面粉、粟粉、香草粉、蛋糕油，先慢后快，打发至原体积的3倍。

**3.** 分次加入混合拌匀的牛奶、水、色拉油完全拌匀，制成蛋糕糊。

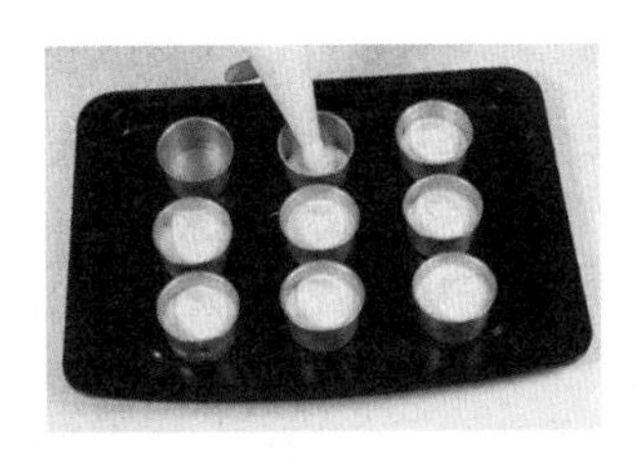

**4.** 将蛋糕糊装入裱花袋，挤入刷了油的模具内至八分满。

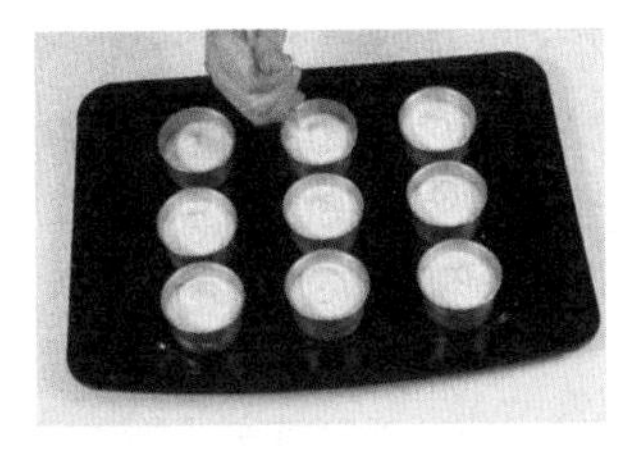

**5.** 在表面挤上卡士达馅装饰，烤盘内加约25毫升的水。

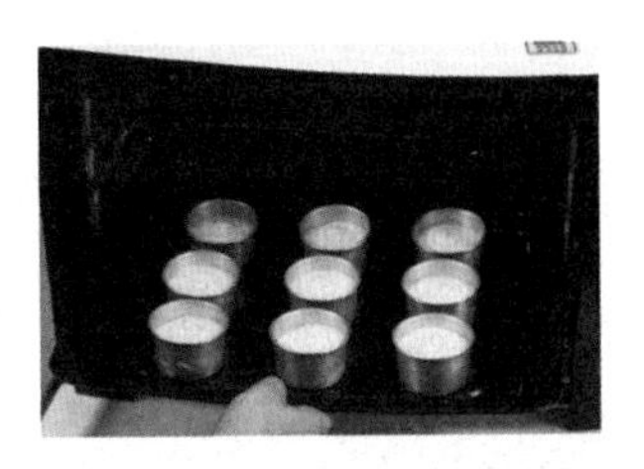

**6.** 入烤箱以150℃约烤25分钟，烤至完全熟透，取出脱模即可。

# 「柳橙蛋糕」

**烤制时间：** 35 分钟

## 材料 Material

酸奶---------100 克
全蛋---------170 克
糖------------245 克
低筋面粉---- 60 克
高筋面粉---- 60 克
泡打粉---------7 克
橙皮---------- 15 克
浓缩橙汁- 30 毫升
无盐奶油---- 70 克

## 工具 Tool

搅拌器，筛网，模具，刀，烤箱

## 做法 Make

**1.** 将全蛋和糖打发至浓稠，再分次加入酸奶，搅拌均匀。

**2.** 将低筋面粉、高筋面粉、泡打粉过筛，加入步骤1中拌匀。

**3.** 将橙汁加入步骤2中搅拌。橙皮削成丝，放入拌匀。

**4.** 最后将溶化的无盐奶油加入步骤3中搅拌均匀，制成蛋糕糊。

**5.** 将蛋糕糊倒入模具中至八分满。

**6.** 将模具放入烤箱，以上、下火均为180℃烤约35分钟，取出倒扣，冷却后脱模即可。

# 「脆皮蛋糕」

烤制时间：15 分钟

看视频学烘焙

## 材料 Material

鸡蛋------------3 个
细砂糖------125 克
水---------125 毫升
蛋糕油------- 10 克
低筋面粉---- 85 克
芝士粉---------6 克
泡打粉---------3 克
色拉油-------- 少许

## 工具 Tool

玻璃碗，电动搅拌器，蛋糕杯，刷子，烤箱

## 做法 Make

**1.** 取一个玻璃碗，倒入鸡蛋和细砂糖。
**2.** 用电动搅拌器将碗里的鸡蛋和细砂糖快速搅拌均匀。
**3.** 加入低筋面粉、泡打粉、芝士粉。
**4.** 用电动搅拌器将其搅拌均匀。
**5.** 加入水，再次搅拌均匀。倒入蛋糕油。
**6.** 用电动搅拌器快速搅拌，将所有食材搅成纯滑面浆。
**7.** 取数个蛋糕杯，用刷子逐个刷上一层色拉油，备用。
**8.** 往蛋糕杯中装入适量面浆，约八分满即可。放入烤盘中。
**9.** 将放有蛋糕杯的烤盘放入烤箱。上火调为 210℃，下火调为 170℃，烤制 15 分钟至蛋糕成型。
**10.** 打开烤箱门，将烤好的蛋糕取出。
**11.** 将蛋糕脱模装盘即可。

# 「巧克力杯子蛋糕」

烤制时间：20 分钟

看视频学烘焙

## 材料 Material

低筋面粉---100 克
细砂糖------100 克
食用油---100 毫升
鸡蛋---------100 克
可可粉------- 10 克
泡打粉---------5 克

## 工具 Tool

玻璃碗，电动搅拌器，长柄刮板，裱花袋，剪刀，蛋糕纸杯，烤箱

## 做法 Make

**1.** 鸡蛋和细砂糖倒入玻璃碗中，用电动搅拌器拌匀。

**2.** 加入低筋面粉、可可粉、泡打粉，继续搅拌。

**3.** 分次倒入食用油，边倒边搅拌均匀，待用。

**4.** 用长柄刮板将拌好的材料装入裱花袋中，压匀，用剪刀剪去裱花袋尖端约 1 厘米。

**5.** 蛋糕纸杯放入烤盘，将裱花袋中的材料依次挤入蛋糕纸杯约六分满即可。

**6.** 将烤盘放入烤箱，以上火 180℃、下火 160℃烤约 20 分钟至熟。

**7.** 取出烤盘，把烤好的蛋糕装入盘中即可。

# 「原味蛋糕」

**烤制时间：**约20分钟

## 材料 Material

全蛋---------250克
砂糖---------145克
低筋面粉---125克
玉米淀粉---- 10克
泡打粉------ 1.5克
奶香粉------ 0.5克
色拉油---- 38毫升
瓜子仁-------- 适量

## 工具 Tool

电动搅拌器，长柄刮板，裱花袋，模具，纸托，烤箱，打蛋盆

## 做法 Make

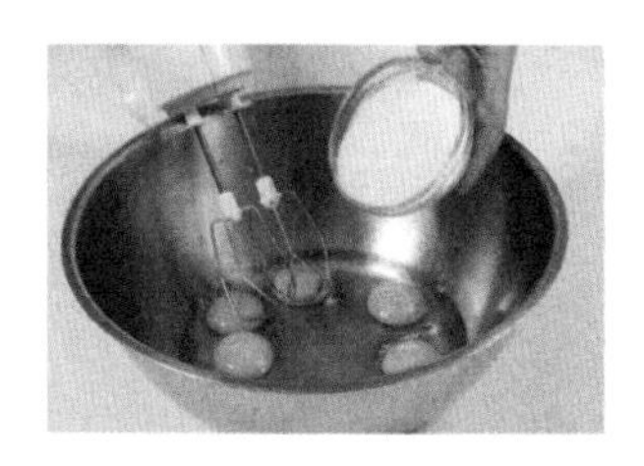

**1.** 把全蛋、砂糖混合，中速打至砂糖溶化，呈泡沫状，再快速拌打至原体积的3.5倍。

**2.** 加入低筋面粉、玉米淀粉、奶香粉、泡打粉混合均匀，慢速搅拌至无粉粒状。

**3.** 加入色拉油完全拌匀制成光亮的面糊。

**4.** 将面糊装入裱花袋，挤入垫了纸托的模具内至八分满左右。

**5.** 在表面撒上瓜子仁，入烤箱以上、下火均为150℃，烘烤20分钟至熟。

**6.** 待烤制20分钟后，取出烤盘，脱模冷却即可。

Part 5

# 重油蛋糕

喜欢重口味的朋友，一定不要错过这个类型的蛋糕。重油蛋糕口感浓厚，甜味十足，吃进去不仅味觉有饱满感，而且连惊喜都变得饱满了。

# 「浓情布朗尼」

**烤制时间：**25 分钟

看视频学烘焙

**材料 Material**

黑巧克力液-70 毫升
黄油---------- 85 克
鸡蛋------------ 1 个
高筋面粉---- 35 克
核桃碎------- 35 克
香草粉--------- 2 克
细砂糖------- 70 克

**工具 Tool**

玻璃碗，长方形模具，刷子，电动搅拌器，烤箱

## 做法 Make

**1.** 将细砂糖、黄油倒入玻璃碗中，搅拌均匀。

**2.** 加入鸡蛋，搅散，撒上香草粉，拌匀，倒入高筋面粉，拌匀。

**3.** 注入黑巧克力液，拌匀，倒入核桃碎，匀速地搅拌一会儿，至材料充分融合，待用。

**4.** 取备好的模具，内壁刷上一层黄油。

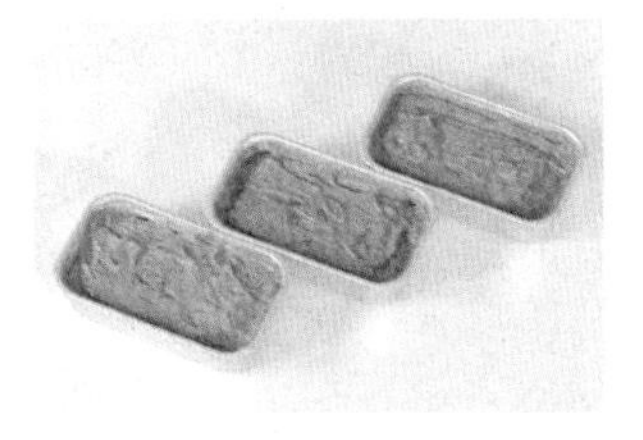

**5.** 盛入拌好的材料，铺平、摊匀，至六分满，即成生坯。

**6.** 烤箱预热，放入生坯。

**7.** 关好烤箱门，以上、下火均为 190℃的温度烤约 25 分钟，至食材熟透。

**8.** 断电后取出烤好的成品，放凉后脱模，摆在盘中即可。

# 「玛芬蛋糕」

**烤制时间：** 20 钟

看视频学烘焙

## 材料 Material

糖粉---------160 克
鸡蛋---------220 克
低筋面粉---270 克
牛奶------- 40 毫升
盐---------------3 克
泡打粉---------8 克
融化的黄油------150 克

## 工具 Tool

玻璃碗，电动搅拌器，裱花袋，筛网，蛋糕纸杯，剪刀，烤箱

## 做法 Make

**1.** 将鸡蛋、糖粉、盐倒入玻璃碗中。

**2.** 用电动搅拌器搅拌均匀。

**3.** 倒入融化的黄油，搅拌均匀。

**4.** 将低筋面粉过筛放至碗里面。

**5.** 把泡打粉过筛至碗中。

**6.** 用电动搅拌器搅拌均匀。

**7.** 倒入牛奶，并不停搅拌。制成面糊，待用。

**8.** 将面糊倒入裱花袋中，在裱花袋尖端部位剪开一个小口。

**9.** 把蛋糕纸杯放入烤盘中。

**10.** 挤入适量面糊至七分满。

**11.** 烤盘入烤箱，以上火 190℃、下火 170℃烤 20 分钟至熟。从烤箱中取出烤盘即可。

# 「风味玉米蛋糕」

烤制时间：18 分钟

看视频学烘焙

## 材料 Material

细砂糖------220 克
黄油---------100 克
奶粉---------120 克
鸡蛋------------7 个
水---------- 60 毫升
玉米淀粉---- 80 克
泡打粉---------6 克
蛋糕油------- 12 克

## 工具 Tool

玻璃碗，电动搅拌器，长柄刮板，剪刀，蛋糕刀，烤箱，烘焙纸

## 做法 Make

**1.** 将鸡蛋、细砂糖倒入玻璃碗中。
**2.** 用电动搅拌器快速搅拌均匀。
**3.** 倒入黄油，快速搅拌至材料混合均匀。
**4.** 加入玉米淀粉、奶粉、蛋糕油、泡打粉，搅拌均匀。
**5.** 加入水，并搅成纯滑的面浆。
**6.** 用剪刀将烘焙纸四个角剪开，铺在烤盘里。
**7.** 倒入适量的面浆，用长柄刮板抹平。
**8.** 将烤盘放入烤箱，以上、下火均为 170℃烤 18 分钟至熟。
**9.** 取出烤好的蛋糕，用蛋糕刀切成整齐的方块即可。

看视频学烘焙

# 「柠檬玛芬」

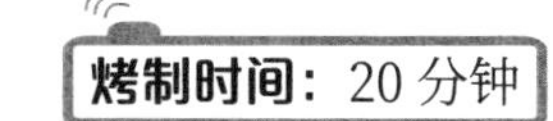

## 材料 Material

糖粉---------100 克
鸡蛋------------2 个
黄油---------120 克
泡打粉---------2 克
低筋面粉---120 克
柠檬皮碎----- 少许
打发的鲜奶油适量

## 工具 Tool

玻璃碗，电动搅拌器，筛网，裱花嘴，裱花袋，剪刀，锡纸杯，烤箱，刮板

## 做法 Make

**1.** 将黄油倒入玻璃碗中，搅拌均匀。倒入糖粉，拌匀。
**2.** 加入一个鸡蛋，搅拌均匀。再加入另一个鸡蛋，继续搅拌。
**3.** 将低筋面粉、泡打粉过筛至碗中，搅拌均匀。
**4.** 放入柠檬皮碎，搅拌成糊状。
**5.** 将面糊装入裱花袋中。
**6.** 在裱花袋尖端部位剪出一个小口。
**7.** 将面糊挤入锡纸杯中，至八分满，放入烤盘中。
**8.** 将烤盘放入烤箱，以上火 170℃、下火 160℃烤 20 分钟至熟。
**9.** 从烤箱中取出烤盘。
**10.** 将裱花嘴放入裱花袋中，在袋尖端部位剪开一个小口。
**11.** 把打发的鲜奶油装入裱花袋中。
**12.** 将烤好的柠檬玛芬装盘，挤上适量的打发好的鲜奶油即可。

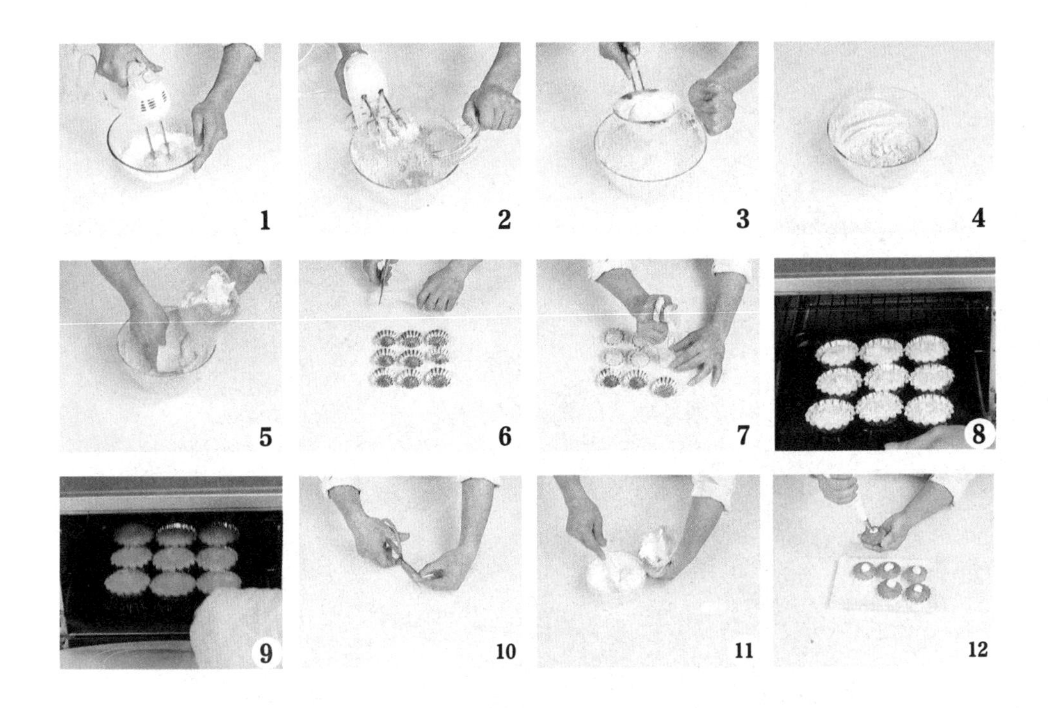

# 「奶茶磅蛋糕」

**烤制时间：**30~40 分钟

### 材料 Material

黄油---------100 克
低筋面粉---150 克
泡打粉---------3 克
盐-------------- 少许
鸡蛋------------2 个
黄糖---------- 60 克
红茶包---------4 个
水---------- 30 毫升
生奶油------- 30 克
甜酒---------1 小匙
奶茶------- 30 毫升

### 工具 Tool

奶锅，玻璃碗，筛网，搅拌器，电动搅拌器，饭勺，蛋糕模具，烤箱

## 做法 Make

**1.** 在奶锅里加入适量水，放入 3 个红茶包，煮开后泡成浓茶。

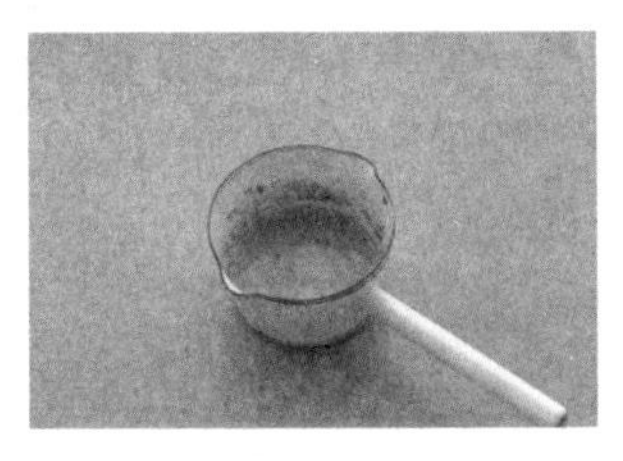

**2.** 在泡好的茶里加生奶油，煮到快要起泡为止，煮得更浓后，用筛网把茶叶过滤掉，备用。

**3.** 把黄油用搅拌器打散后，加黄糖拌匀，将打好的鸡蛋分三次倒入玻璃碗中，一边倒入一边用电动搅拌器搅拌均匀。

**4.** 加入红茶、甜酒搅拌均匀，倒入过了筛的低筋面粉、泡打粉和盐，把剩下的 1 个红茶包也拆开来倒进去。

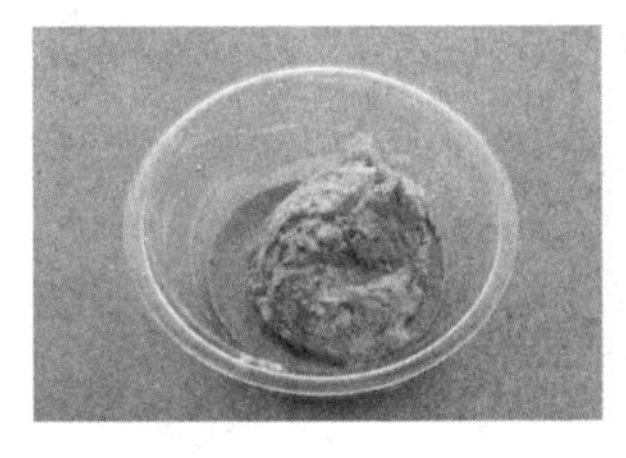

**5.** 倒入 30 毫升泡好的奶茶，搅拌均匀。

**6.** 将材料装到蛋糕模具里，用饭勺来回压出一个小坑，放入预热到 170 ～ 180℃的烤箱中，烘烤 30 ～ 40 分钟即可。

看视频学烘焙

# 「熔岩蛋糕」

烤制时间：20 分钟

## 材料 Material

黑巧克力---- 70 克
黄油---------- 50 克
低筋面粉---- 30 克
细砂糖------- 20 克
鸡蛋------------ 1 个
蛋黄------------ 1 个
朗姆酒------ 5 毫升
糖粉----------- 适量

## 工具 Tool

筛网，玻璃碗，搅拌器，刷子，模具，烤箱

## 做法 Make

**1.** 用刷子在模具内侧刷上适量黄油。
**2.** 模具内撒入少许低筋面粉，摇晃均匀，待用。
**3.** 取一玻璃碗，倒入黑巧克力，隔水加热。
**4.** 放入黄油，搅拌至食材溶化后关火。
**5.** 另取一个玻璃碗，倒入蛋黄、鸡蛋、细砂糖、朗姆酒，用搅拌器搅拌均匀。
**6.** 倒入低筋面粉，快速搅拌均匀。
**7.** 倒入溶化的黑巧克力，搅拌均匀。
**8.** 将拌好的材料倒入模具中，至五分满即可。
**9.** 将模具放入烤盘中。
**10.** 把烤箱调为上火 180℃、下火 200℃，预热一会。
**11.** 打开烤箱，放入烤盘，烤 20 分钟至熟，取出烤盘。
**12.** 将蛋糕脱模，装入盘中，把糖粉过筛至蛋糕上即成。

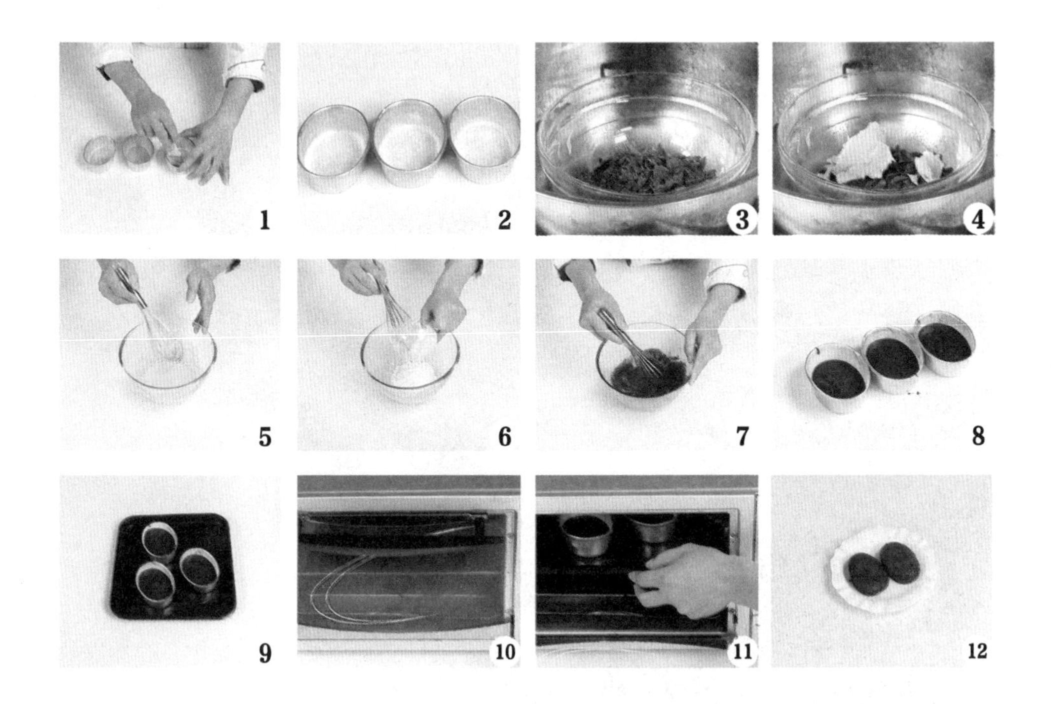

# 「奶油蛋糕」

冷藏时间：30 分钟

## 材料 Material

可可蛋糕底：
鸡蛋------------3 个
细砂糖------- 55 克
低筋面粉---- 50 克
可可粉------- 15 克
黄油---------- 15 克
生奶油------- 15 克

填充用奶油：
生奶油------100 克

糖浆：
水---------- 20 毫升
细砂糖------- 10 克

栗子奶油：
板栗酱（栗子浆）--130 克
生奶油------120 克

其他材料：
黄桃------------4 个

## 工具 Tool

玻璃碗，电动搅拌器，筛网，烘焙纸，裱花袋，抹刀，蛋糕刀，烤箱，冰箱，长柄刮板

## 做法 Make

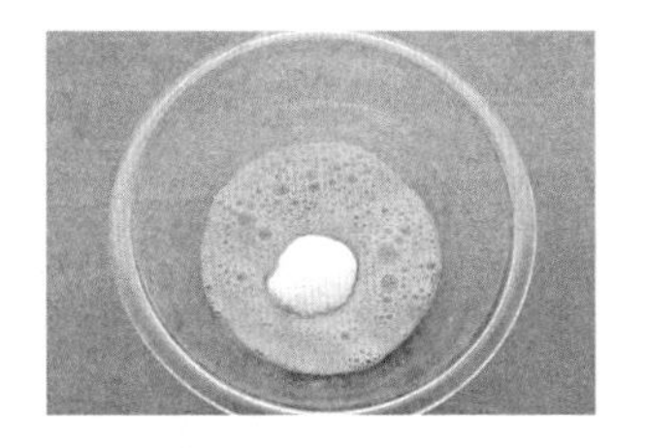

1. 鸡蛋加 35 克细砂糖倒入玻璃碗中拌匀，用电动搅拌器打至起泡。

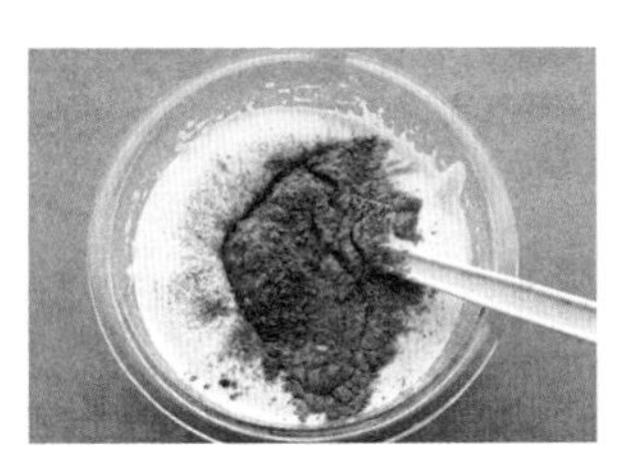

2. 加入过筛的低筋面粉、可可粉、黄油、15 克生奶油，拌匀，制成面糊。

3. 在烤盘铺入烘焙纸，倒入面糊，用刮板刮平，放入预热到 170 ～ 180℃的烤箱里，烤制 15 分钟。取出，放凉去烘焙纸，用刀切成任意形状即可。

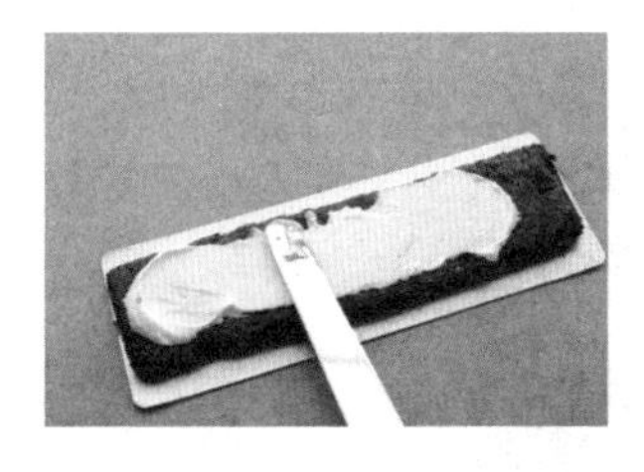

4. 将 20 毫升水和 10 克细砂糖混合，拌匀，制成糖浆。用抹刀将糖浆、100 克生奶油依次涂在蛋糕上，再放上另一片蛋糕，涂上糖浆、生奶油。

5. 将 120 克生奶油与板栗酱混合，拌匀，制成栗子奶油，装入裱花袋中，快速地挤在蛋糕上。

6. 将蛋糕放入冰箱冷藏 30 分钟取出，把边缘整理干净，放上黄桃装饰，即可。

看视频学烘焙

# 「巧克力麦芬蛋糕」

**烤制时间：** 20 分钟

## 材料 Material

糖粉---------160 克
鸡蛋---------220 克
低筋面粉---270 克
牛奶------- 40 毫升
盐---------------3 克
泡打粉---------8 克
融化的黄油------150 克
可可粉---------8 克

## 工具 Tool

玻璃碗，电动搅拌器，裱花袋，筛网，蛋糕纸杯，剪刀，烤箱，长柄刮板

## 做法 Make

**1.** 取一个玻璃碗，将鸡蛋、糖粉、盐先后倒入碗中。用电动搅拌器搅拌均匀。
**2.** 倒入融化的黄油，搅拌匀。
**3.** 将低筋面粉过筛至碗中。把泡打粉过筛至碗中。
**4.** 用电动搅拌器搅拌均匀。
**5.** 倒入牛奶，并不停地搅拌均匀。
**6.** 制成面糊，待用。
**7.** 取适量面糊，加入可可粉。
**8.** 用电动搅拌器搅拌均匀。
**9.** 取一个裱花袋，将面糊装入裱花袋中，收紧袋口。
**10.** 把蛋糕纸杯放入烤盘中。
**11.** 在裱花袋尖端剪小口，将面糊挤入纸杯，至七分满。
**12.** 入烤箱，以上火 190℃、下火 170℃烤 20 分钟，即可。

# 「玛黑莉巧克力蛋糕」

**烤制时间：** 30 分钟

## 材料 Material

黄油---------100 克
细砂糖------150 克
热水------- 50 毫升
可可粉------- 18 克
鲜奶油------- 65 克
低筋面粉---- 95 克
食粉------------2 克
肉桂粉---------1 克
盐---------------1 克
香草粉---------2 克
蛋黄---------- 15 克
蛋白---------- 40 克
糖粉----------- 适量

## 工具 Tool

玻璃碗，电动搅拌器，长柄刮板，模具，筛网，烤箱

## 做法 Make

**1.** 将 130 克细砂糖倒入玻璃碗中，加入 100 克黄油，用电动搅拌器搅匀。

**2.** 加入50毫升热水、18克可可粉、1克肉桂粉、65克鲜奶油，拌匀打发。

**3.** 倒入 2 克食粉、2 克香草粉、1 克盐、95 克低筋面粉、15 克蛋黄，用长柄刮板搅拌成纯滑的面浆。

**4.** 另取一个玻璃碗，倒入 40 克蛋白、20 克细砂糖，用电动搅拌器快速搅拌，打发成鸡尾状。

**5.** 把打发好的蛋白加入到面浆里，用长柄刮板搅匀，制成纯滑的蛋糕浆。

**6.** 把蛋糕浆装入模具中，约六分满，放入烤箱，以上、下火均为 170℃烤约 30 分钟至熟，取出，筛上适量糖粉即可。

# 「土豆球蛋糕」

烤制时间：35 分钟

## 材料 Material

低筋面粉---150 克
黄油---------- 80 克
细砂糖------- 60 克
鸡蛋------------1 个
泡打粉---------3 克
盐-------------- 少许
牛奶------- 15 毫升
捣碎的土豆- 80 克
土豆球---7～8 个

## 工具 Tool

叉子，搅拌器，筛网，长柄刮板，烤模，烤箱，搅拌碗

## 做法 Make

**1.** 土豆煮熟后去皮，将用来和面的土豆趁热用叉子捣碎，加牛奶拌匀。

**2.** 在搅拌碗里加入黄油和细砂糖，用搅拌器搅拌至颜色变灰。

**3.** 倒入打好的鸡蛋，慢慢拌匀。

**4.** 把过筛了的低筋面粉、泡打粉和盐加进去，用长柄刮板拌匀后加入捣碎了的土豆。

**5.** 在烤模中装一半量的土豆面团，放上土豆球，排成一列。

**6.** 把剩下的面团盖上去稍加整理，再放进预热到 180℃的烤箱里，烤 35 分钟至熟，取出，脱模即可。

# 「黑樱桃蛋糕」

烤制时间：15 分钟

**材料 Material**

鸡蛋------------3 个
细砂糖------- 55 克
糖稀------------5 克
大米粉------- 40 克
可可粉------- 13 克
黄油---------- 20 克
打发的生奶油- 20 克
黑樱桃-------- 适量
生奶油------- 50 克
水---------- 20 毫升

**工具 Tool**

刀，搅拌器，长柄刮板，筛网，烘焙纸，蛋糕刀，刷子，烤箱，冰箱

## 做法 Make

**1.** 将黑樱桃洗净，去皮，对半切，去籽，备用。

**2.** 将鸡蛋加 45 克细砂糖和糖稀，用搅拌器拌匀，倒入过筛的大米粉和可可粉，拌匀。先倒入适量融化好的黄油和 50 克生奶油，搅匀后再全部倒进去，拌匀。

**3.** 倒入铺有烘焙纸的烤盘上，放到预热至 180℃ 的烤箱里，烘烤 15 分钟左右。

**4.** 将 10 克细砂糖和 20 毫升水混合，拌匀，制成糖浆。取出烤盘，放凉，撕去烘焙纸，用蛋糕刀把蛋糕切成两半，把烘烤的那一面朝下摆放，用刷子涂上糖浆，涂得湿一些。

**5.** 涂上 20 克打发的生奶油，抹匀，放上排成排的樱桃。

**6.** 用烘焙纸把蛋糕卷起来，放到冰箱冷藏 30 分钟左右，取出来，撕去烘焙纸，涂上糖浆、生奶油，抹匀即可。

看视频学烘焙

# 「坚果巧克力蛋糕」

**烤制时间：** 18 分钟

## 材料 Material

黄油---------225 克
花生碎-------- 适量
低筋面粉---137 克
泡打粉---------5 克
鸡蛋------------5 个
可可粉------- 25 克
糖粉---------280 克
黑巧克力----- 适量

## 工具 Tool

长柄刮板，电动搅拌器，裱花袋，玻璃碗，蛋糕纸杯，剪刀，筛网，烤箱，钢盆

## 做法 Make

**1.** 将黄油放到碗中隔水加热至融化。
**2.** 把黑巧克力放到碗中，隔水加热至融化。
**3.** 将融化的黄油倒入玻璃碗中。
**4.** 加入黑巧克力液，用长柄刮板搅拌均匀。
**5.** 放入 275 克糖粉、鸡蛋，用电动搅拌器搅拌均匀。
**6.** 倒入低筋面粉、可可粉、泡打粉，搅拌均匀。
**7.** 加入花生碎，搅拌均匀，制成面糊。
**8.** 将面糊倒入裱花袋中。
**9.** 在裱花袋尖端部位剪开一个小口。
**10.** 把蛋糕纸杯放入烤盘，往纸杯内倒入面糊至六分满。
**11.** 将烤盘放入烤箱，上、下火均调至 190℃，烤约 18 分钟至熟。
**12.** 取出烤好的蛋糕，将剩余的糖粉过筛至蛋糕上，装盘即成。

# 「椰蓉果酱蛋糕」

**烤制时间**：15 分钟

看视频学烘焙

## 材料 Material

鸡蛋---------120 克
低筋面粉---- 60 克
水---------- 20 毫升
黄油---------- 50 克
细砂糖------- 60 克

装饰：
椰蓉----------- 适量
细砂糖------- 35 克
黄油---------100 克
果酱----------- 适量

## 工具 Tool

电动搅拌器，长柄刮板，模具，白纸裱花袋，玻璃碗，裱花嘴，剪刀，刷子，烤箱，烘焙纸

## 做法 Make

1. 将鸡蛋倒入玻璃碗中，加入细砂糖，用电动搅拌器快速搅拌均匀。

2. 倒入低筋面粉、50克黄油，加入水，快速搅匀，搅成纯滑的面浆。

3. 把面浆倒在垫有烘焙纸的烤盘里，用长柄刮板抹平整，放入烤箱，上、下火均调为160℃，烤制15分钟至熟。

4. 把烤好的蛋糕取出，脱模，放在案台白纸上，轻轻地撕去蛋糕底部的烘焙纸。

5. 用模具压出两块圆形的小蛋糕，叠在一起，四周刷上一层果酱，粘上一层椰蓉，按照相同的方法做数个蛋糕。

6. 把细砂糖倒入玻璃碗中，加入100克黄油，用电动搅拌器快速搅拌均匀，成纯滑的糊状。

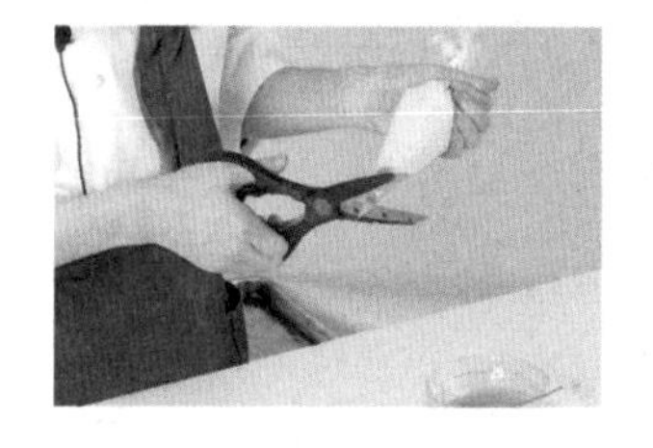

7. 把裱花嘴套在裱花袋尖角处，将奶油糊装入裱花袋里，在裱花袋尖角处剪一小口。

8. 把奶油糊挤在蛋糕顶部围成一个圈，再逐一放上适量果酱即可。

看视频学烘焙

# 「布朗尼蛋糕」

烤制时间：48 分钟

## 材料 Material

黄油----------- 少许
低筋面粉----- 少许
布朗尼部分：
黄油液------- 50 克
黑巧克力液- 50 毫升
细砂糖------- 50 克
全蛋------------1 个
酸奶---------- 20 克
中筋面粉---- 50 克
芝士蛋糕部分：
奶酪---------210 克
细砂糖------- 40 克
鸡蛋------------1 个
酸奶---------- 60 克

## 工具 Tool

长柄刮板，电动搅拌器，圆形模具，玻璃碗，刷子，蛋糕刀，白纸，烤箱

## 做法 Make

**1.** 将黑巧克力液倒入玻璃碗中，加入黄油液，用长柄刮板拌匀。
**2.** 倒入细砂糖，搅匀，倒入中筋面粉，搅成糊状。
**3.** 加入全蛋，用电动搅拌器快速搅匀。
**4.** 加入酸奶，搅拌均匀至其成纯滑的巧克力糊。
**5.** 在圆形模具里面刷上一层黄油，再抹上一层低筋面粉。
**6.** 把巧克力糊装入模具里，整理平整。
**7.** 把模具放入预热好的烤箱，上、下火均调至 180℃，烤约 18 分钟。
**8.** 另取一碗，倒入鸡蛋、细砂糖，用电动搅拌器打发。
**9.** 加入奶酪，搅拌均匀，倒入酸奶，搅拌成纯滑的蛋糕浆。
**10.** 取出烤好的布朗尼，把蛋糕浆倒在布朗尼上。
**11.** 把模具放回预热好的烤箱，上、下火均调至 160℃，烤 30 分钟。
**12.** 取出蛋糕，放在铺有白纸的案台上，脱模，切成扇形的小块即可。

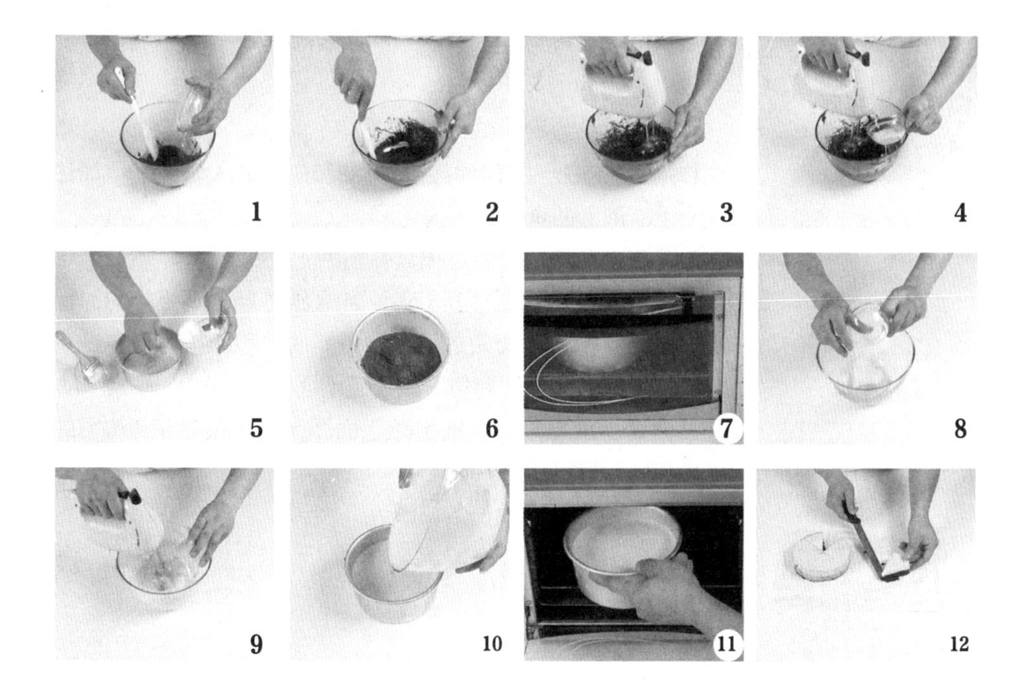

# 「绿茶芝士棒」

烤制时间：30 分钟

## 材料 Material

曲奇---------- 60 克
黄油---------- 15 克
牛奶--------- 5 毫升
奶油芝士--- 150 克
鸡蛋------------ 1 个
细砂糖------- 35 克
柠檬汁------ 5 毫升
绿茶粉--------- 3 克
低筋面粉---- 10 克
熟红豆------- 20 克
生奶油------- 20 克

## 工具 Tool

搅拌机，微波炉，模具，搅拌器，筛网，烤箱

## 做法 Make

**1.** 用搅拌机把曲奇磨好，把黄油和牛奶放入微波炉里加热一下，倒入曲奇里，再搅匀。
**2.** 将拌匀后的曲奇装进模具并压平。
**3.** 把奶油芝士用搅拌器打散，加入细砂糖、鸡蛋拌匀，加入柠檬汁搅匀，加入过了筛的低筋面粉和绿茶粉搅匀，再加入生奶油，搅拌均匀，制成芝士面团。
**4.** 曲奇上放熟红豆，铺上芝士面团，放入预热到 170℃的烤箱里，烘烤 30 分钟。
**5.** 取出，脱模切成长条块即可。

# 「超软巧克力蛋糕」

**烤制时间：** 15 分钟

看视频学烘焙

## 材料 Material

低筋面粉---- 85 克
可可粉------- 10 克
黄油---------- 60 克
细砂糖------- 85 克
鸡蛋------------ 1 个
牛奶------- 80 毫升
盐--------------- 1 克
泡打粉------- 25 克
小苏打------- 15 克

## 工具 Tool

裱花袋，玻璃碗，剪刀，蛋糕纸杯，电动搅拌器，烤箱

## 做法 Make

**1.** 将细砂糖、黄油倒入玻璃碗中，用电动搅拌器搅拌匀。

**2.** 加入鸡蛋，搅散蛋黄，撒上可可粉，拌匀。

**3.** 倒入盐，放入泡打粉、小苏打，拌匀。

**4.** 放入低筋面粉，拌匀，再分次注入牛奶，边倒边拌匀，至材料成糊状。

**5.** 取一裱花袋，盛入拌好的面糊，收紧袋口，在袋底剪出一个小孔。

**6.** 将面糊挤入蛋糕纸杯中，至六分满，制成蛋糕生坯。

**7.** 烤箱预热，放入蛋糕生坯。

**8.** 以上火 180℃、下火 160℃烤约 15 分钟，至熟即可。

# 「抹茶蛋糕杯」

烤制时间：30 分钟

**材料 Material**

鸡蛋---------120 克
糖粉---------160 克
盐---------------3 克
黄油---------150 克
牛奶------- 20 毫升
低筋面粉---200 克
泡打粉---------8 克
抹茶粉------- 20 克

**工具 Tool**

奶锅，玻璃碗，纸杯模具，电动搅拌器，玻璃杯，烤箱

## 做法 Make

**1.** 将牛奶、黄油、抹茶粉倒入奶锅中，加热至黄油融化，备用。

**2.** 低筋面粉内加入泡打粉、盐，搅拌均匀，制成面糊。

**3.** 鸡蛋内加入糖粉，打发至乳白色，分次加入拌好的面糊，拌匀，再分次加入抹茶牛奶，拌至均匀。

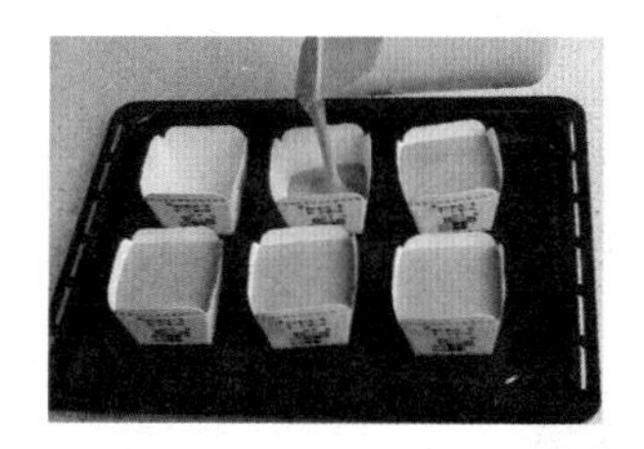

**4.** 把蛋糕液装入玻璃杯中，再逐一倒入纸杯内至八分满。

**5.** 把蛋糕生坯放入预热好的烤箱内，上火170℃、下火150℃，烤30分钟。

**6.** 待时间到，将其取出即可。

Part 6

# 芝士蛋糕 & 慕斯蛋糕

浓浓奶香味的芝士蛋糕，与经过冷冻的慕斯蛋糕，两者相得益彰，入口即化，美味停留心口，令人久久回味。

看视频学烘焙

# 「芝士蛋糕」

冷冻时间：30 分钟

## 材料 Material

奶油芝士---200 克
牛奶------150 毫升
白糖---------- 60 克
巧克力酱---- 60 克
明胶粉------- 15 克
蛋糕坯---------1 片
可可粉-------- 适量

## 工具 Tool

奶锅，竹签，冰箱，蛋糕模具，搅拌器，玻璃碗，裱花袋

## 做法 Make

**1.** 取出蛋糕模具，放入蛋糕坯，待用。
**2.** 奶锅中倒入奶油芝士，用小火搅拌至溶化。
**3.** 倒入牛奶，搅拌均匀。加入白糖，搅拌至溶化。
**4.** 加入可可粉，搅拌均匀。
**5.** 关火，倒入明胶粉。
**6.** 搅拌均匀，制成蛋糕浆。取一玻璃碗，倒入蛋糕浆。
**7.** 取出已放入蛋糕坯的蛋糕模具，倒入蛋糕浆。
**8.** 取出裱花袋，倒入巧克力酱。
**9.** 在蛋糕浆上以打圈的方式挤出巧克力酱。
**10.** 用竹签在巧克力酱上从中点向四周拉花，拉出花纹。
**11.** 将蛋糕放入冰箱冷冻 30 分钟至成形。
**12.** 取出冻好的蛋糕，脱模即可。

看视频学烘焙

# 「南瓜芝士蛋糕」

烤制时间：15 分钟

## 材料 Material

饼干---------- 60 克
黄油---------- 35 克
芝士---------250 克
细砂糖------- 50 克
南瓜泥------125 克
牛奶------- 30 毫升
鸡蛋------------2 个
玉米淀粉---- 30 克

## 工具 Tool

擀面杖，玻璃碗，三角铁板，搅拌器，锅，圆形模具，勺子，烤箱

## 做法 Make

**1.** 把饼干装入玻璃碗中，用擀面杖将其捣碎。
**2.** 加入黄油，搅拌均匀。
**3.** 把黄油饼干糊装入圆形模具，用勺子压实、压平成蛋糕底。
**4.** 把牛奶倒入锅中，加入细砂糖，用搅拌器搅拌匀。
**5.** 加入芝士，搅匀，用小火煮至溶化。
**6.** 倒入南瓜泥，搅拌匀。
**7.** 加入鸡蛋，关火，搅匀。
**8.** 倒入玉米淀粉，搅拌匀，制成蛋糕糊。
**9.** 把蛋糕糊倒在模具内饼干糊上，制成蛋糕生坯。
**10.** 将烤箱上、下火均调为 160℃，预热 5 分钟。
**11.** 将蛋糕生坯放入预热好的烤箱烘烤 15 分钟至熟。
**12.** 取出烤好的蛋糕脱模即可。

# 「奶油苹果蛋糕」

**烤制时间：**约 30 分钟

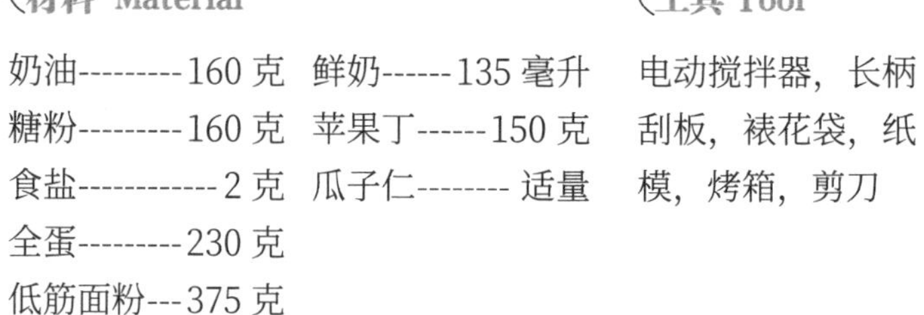

**材料 Material**

奶油---------160 克
糖粉---------160 克
食盐------------2 克
全蛋---------230 克
低筋面粉---375 克
泡打粉------- 15 克
鲜奶------135 毫升
苹果丁------150 克
瓜子仁-------- 适量

**工具 Tool**

电动搅拌器，长柄刮板，裱花袋，纸模，烤箱，剪刀

做法 Make

**1.** 把奶油、糖粉、食盐倒在一起，先慢后快，打至奶白色。

**2.** 分次加入全蛋，一边加入，一边搅拌均匀。

**3.** 加入低筋面粉、泡打粉拌至无粉粒，再分次加入鲜奶，完全拌均匀。

**4.** 加入苹果丁，用长柄刮板搅拌均匀。

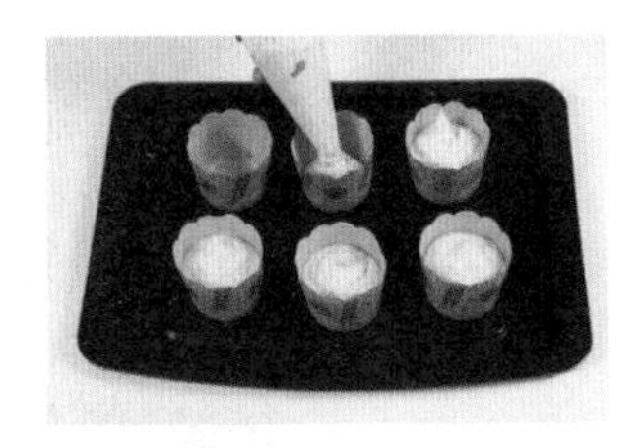

**5.** 装入裱花袋，用剪刀在裱花袋尖部剪一个小口，将蛋糕浆挤入纸模内至八分满，再撒上瓜子仁。

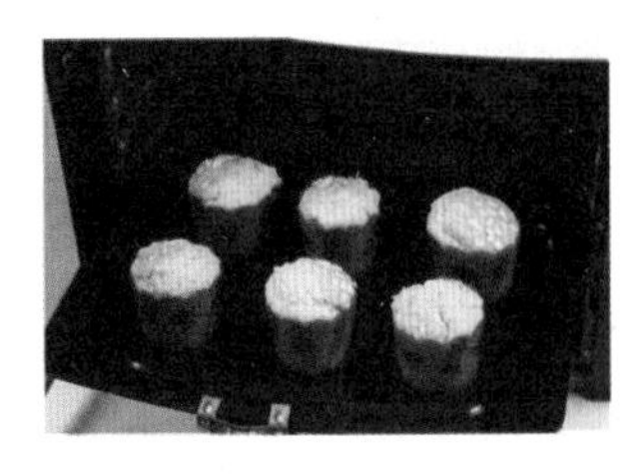

**6.** 将模具入烤箱上、下火均调为 140℃，约烤制 30 分钟，至熟即可。

# 「红莓芝士蛋糕」

烤制时间：60 分钟

## 材料 Material

饼干---------- 60 克
黄油---------- 15 克
牛奶--------- 5 毫升
奶油芝士---200 克
鸡蛋------------ 2 个
生奶油------140 克
酸奶油------100 克
香草提取物-- 少许
糖------------- 55 克
红莓酱------- 80 克
玉米淀粉--- 2 大匙
草莓----------- 少许
开心果碎----- 少许
温水----------- 适量

## 工具 Tool

搅拌机，饭勺，玻璃碗，烘焙纸，搅拌器，筛网，蛋糕模具，烤箱

## 做法 Make

**1.** 把饼干放到搅拌机里搅拌均匀后，再把变软的黄油和牛奶放到搅拌机里一起搅拌均匀。

**2.** 用烘焙纸铺好芝士蛋糕模具之后，把搅拌好的饼干一边用饭勺盛进去，一边压紧。

**3.** 把已经变软了的奶油芝士放到玻璃碗里，用搅拌器打散。

**4.** 加入糖，搅拌均匀。

**5.** 加入酸奶油并搅匀。

**6.** 把鸡蛋打散，一边慢慢地倒进去，一边搅拌均匀。

**7.** 把香草提取物和过了筛的玉米淀粉倒进去，搅拌至看不到粉末。

**8.** 把事先放到室温下的生奶油放进去，所有食材都搅拌均匀后用筛子过滤一次。

**9.** 若是要用的红莓酱是冷冻的状态，要提前把它放到室温下融化。

**10.** 把 1/2 的面团装到铺上了曲奇的芝士蛋糕模具里，浇上红莓酱，再把剩下的面团装进去。

**11.** 在烘烤板里装上温水，把芝士蛋糕模具放上去，放入预热到 170℃的烤箱中，烘烤 60 分钟左右。取出烤好的蛋糕，装饰上草莓和开心果碎即可。

# 「柠檬冻芝士蛋糕」

冷冻时间：120 分钟

## 材料 Material

饼干---------- 90 克
黄油---------- 50 克
芝士---------200 克
植物奶油---100 克
酸奶---------100 克
牛奶------- 80 毫升
吉利丁片------3 片
柠檬汁---- 20 毫升
白糖---------- 45 克
水-------------- 适量

## 工具 Tool

玻璃碗，搅拌器，擀面杖，圆形模具，勺子，冰箱，锅、盘

## 做法 Make

**1.** 把饼干装入碗中，用擀面杖捣碎，加入黄油，拌匀，装入圆形模具中，用勺子压实，待用。

**2.** 把吉利丁片放入水中浸泡 2 分钟。

**3.** 锅中倒入酸奶，加入牛奶，倒入白糖，加入柠檬汁，放入吉利丁片，搅拌至溶化。

**4.** 倒入植物奶油，搅匀，倒入芝士，搅匀，制成蛋糕浆。

**5.** 将蛋糕浆倒入饼干糊上，将其放入冰箱中冷冻两小时至定型后取出。

**6.** 将取出的芝士蛋糕脱模，装盘即可。

看视频学烘焙

# 「舒芙蕾」

烤制时间：30 分钟

## 材料 Material

细砂糖------- 50 克
蛋黄---------- 45 克
淡奶油------- 40 克
芝士---------250 克
玉米淀粉---- 25 克
蛋白---------110 克
塔塔粉---------2 克
细砂糖------- 50 克
糖粉----------- 适量
水-------------- 适量

## 工具 Tool

搅拌器，玻璃碗，电动搅拌器，滤网，勺子，奶锅，舒芙蕾杯，烤箱

## 做法 Make

**1.** 将细砂糖和淡奶油倒进奶锅中，开小火煮至溶化。

**2.** 加入芝士，搅拌至溶化后关火待用。

**3.** 将蛋黄和玉米淀粉倒入玻璃碗中，充分搅拌均匀。

**4.** 倒入已经煮好的材料，用搅拌器充分搅拌均匀成蛋黄霜，待用。

**5.** 将蛋白、塔塔粉、细砂糖倒入另一玻璃碗中，用电动搅拌器拌匀打发至呈鸡尾状，成蛋白霜。

**6.** 将蛋白霜倒入蛋黄霜中，搅拌均匀。

**7.** 把拌好的食材倒入备好的舒芙蕾杯中，约至八分满。

**8.** 将模具杯放入烤盘，在烤盘中加入少许水。

**9.** 打开已经预热 5 分钟的烤箱，将烤盘放入烤箱中。

**10.** 关上烤箱门，以上、下火均为 180℃的温度烤约 30 分钟至熟。

**11.** 取出烤盘，将烤好的舒芙蕾装入盘中。

**12.** 准备好滤网，将糖粉过滤，撒到烤好的舒芙蕾上。稍放凉后即可食用。

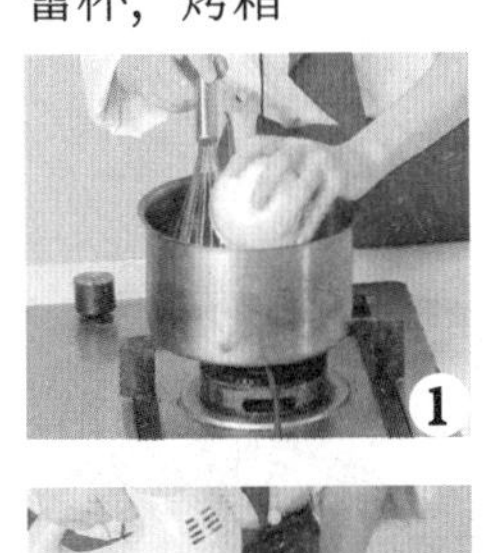

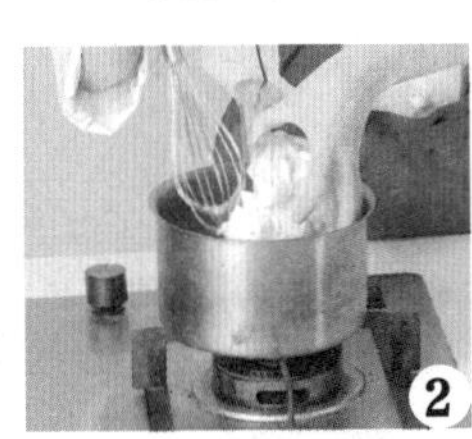

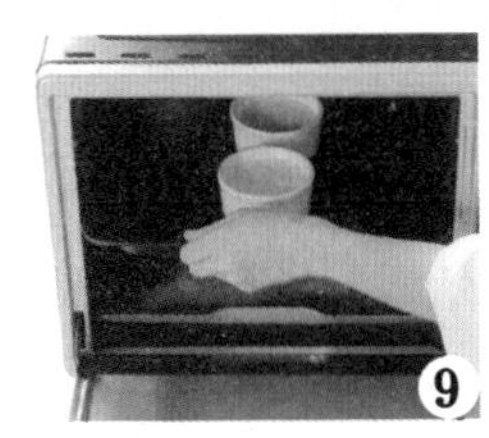

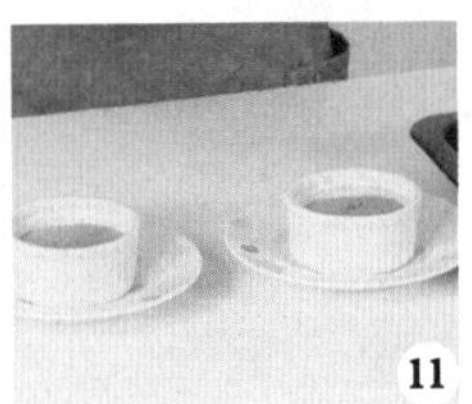

看视频学烘焙

# 「红豆乳酪蛋糕」

**烤制时间：**15分钟

## 材料 Material

芝士---------250 克
鸡蛋------------3 个
细砂糖------- 20 克
酸奶---------- 75 克
黄油---------- 25 克
红豆粒------- 80 克
低筋面粉---- 20 克
糖粉----------- 适量

## 工具 Tool

长柄刮板，筛网，锅，电动搅拌器，玻璃碗，烘焙纸，蛋糕刀，烤箱

## 做法 Make

**1.** 将芝士放到锅中隔水加热至融化。
**2.** 取出芝士，用电动搅拌器搅拌均匀。
**3.** 加入细砂糖、黄油、鸡蛋，搅匀。
**4.** 倒入低筋面粉，搅拌均匀。
**5.** 放入酸奶、红豆粒，搅拌均匀。
**6.** 将搅拌好的材料倒入垫有烘焙纸的烤盘中，用长柄刮板抹平。
**7.** 将烤箱温度调至上、下火均为 180℃，预热烤箱。
**8.** 将烤盘放入预热好的烤箱，烤 15 分钟至熟后取出烤好的蛋糕。
**9.** 将烤好的蛋糕倒扣在烘焙纸上，取走烤盘，撕去蛋糕底部的烘焙纸。
**10.** 将蛋糕翻面，并将蛋糕边缘修整齐。
**11.** 将蛋糕切成长约 4 厘米、宽约 2 厘米的块。
**12.** 将切好的蛋糕装入盘中，筛上适量糖粉即成。

看视频学烘焙

# 「草莓千层蛋糕」

**冷藏时间：** 30 分钟

## 材料 Material

牛奶------375 毫升
鲜奶油-------- 适量
低筋面粉---150 克
鸡蛋---------- 85 克
黄油---------- 40 克
食用油---- 10 毫升
细砂糖------- 25 克
草莓片-------- 适量

## 工具 Tool

筛网，煎锅，冰箱，搅拌器，三角铁板，蛋糕刀，玻璃碗

## 做法 Make

**1.** 把牛奶、细砂糖倒入玻璃碗中，快速搅拌均匀。
**2.** 倒入食用油，用搅拌器搅拌匀。
**3.** 加入鸡蛋、黄油，搅拌均匀。
**4.** 把低筋面粉过筛至玻璃碗中。
**5.** 搅拌均匀，制成面糊。
**6.** 煎锅置于火上，倒入适量面糊，煎至起泡。
**7.** 翻面，煎至两面呈焦黄色即成，依此将余下的面糊煎成面皮。
**8.** 将煎好的面皮放在盘子上，抹上适量鲜奶油，铺上适量草莓片。
**9.** 再放上一张面皮，抹上适量鲜奶油，铺上适量草莓片。
**10.** 依此将余下的面皮、草莓片叠放整齐，制成草莓千层蛋糕。
**11.** 把草莓千层蛋糕放入冰箱，冷藏 30 分钟切开即可。

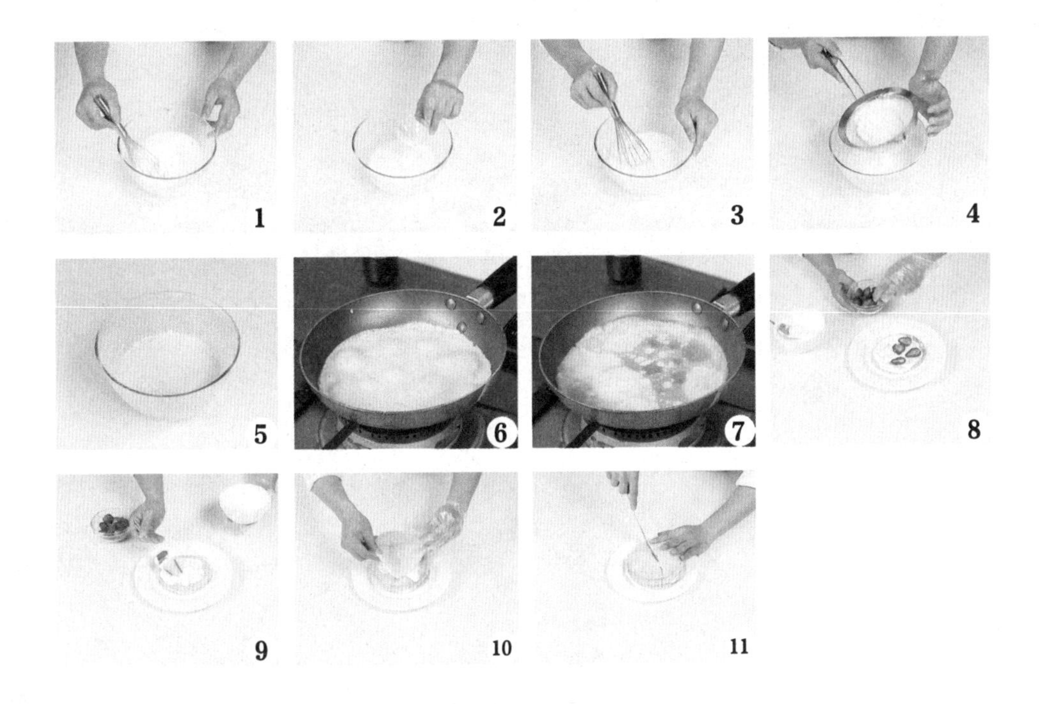

# 「水蜜桃慕斯蛋糕」

**冷冻时间：** 180 分钟

## 材料 Material

| | |
|---|---|
| 罐头水蜜桃 100 克 | 罐头水蜜桃汁 130 毫升 |
| 酸奶--------- 100 克 | 橙汁------- 50 毫升 |
| 植物鲜奶油 100 克 | 鱼胶粉------- 13 克 |
| 细砂糖------- 10 克 | 饼干---------- 80 克 |
| 水---------- 30 毫升 | 黄油---------- 45 克 |

## 工具 Tool

擀面杖，圆形模具，勺子，冰箱，碗，锅，搅拌器

## 做法 Make

**1.** 把饼干装入碗中，用擀面杖捣碎，加入黄油，搅拌均匀，装入圆形模具，用勺子压实、压平。

**2.** 将酸奶倒入锅中，加入水、细砂糖，拌匀，加入 8 克鱼胶粉，拌匀，用小火煮至溶化。

**3.** 倒入植物鲜奶油，拌匀，放入水蜜桃果肉，搅匀，制成慕斯浆。

**4.** 把慕斯浆倒入模具饼干糊上，制成蛋糕生坯，放入冰箱冷冻两小时至成型，取出。

**5.** 把水蜜桃汁倒入锅中，加入橙汁、5 克鱼胶粉，拌匀，用小火煮溶化，制成果冻汁。

**6.** 将果冻汁倒在蛋糕上，放回冰箱冷冻 1 小时，把冻好的蛋糕取出脱模，装盘即可。

# 「咖啡慕斯蛋糕」

**制作时间：**约 75 分钟

**材料** Material

蛋黄---------- 35 克
糖------------- 65 克
乳酪---------125 克
吉利丁---------3 克
打发淡奶油125 克
咖啡酒------8 毫升
咖啡粉---------5 克
糖------------- 15 克
水---------- 50 毫升
原味蛋糕体-- 适量
可可粉-------- 适量
巧克力配件-- 适量
手指饼干----- 适量

**工具** Tool

锅，勺子，长柄刮板，裱花袋，保鲜膜，模具，冰箱，火枪，刷子，筛网，电动搅拌器，抹刀

## 做法 Make

**1.** 将咖啡粉和 15 克糖、50 毫升水拌匀，煮至沸腾。

**2.** 冷却后，加入 3 毫升咖啡酒拌匀待用。

**3.**50 克糖、少许水同煮至 118℃，将糖水倒入蛋黄中，快速搅拌至发白浓稠。

**4.** 乳酪隔热水拌至溶化，再将步骤 3 分次倒入其中拌匀。

**5.** 加入溶化的吉利丁拌匀，再隔冰水降温至 35℃。

**6.** 将步骤 2 分次加入打发淡奶油中拌匀，再加入 5 毫升咖啡酒拌匀，制成慕斯馅，装入裱花袋。

**7.** 用保鲜膜将模具底封好。

**8.** 用模具印一片原味蛋糕体，刷上步骤 2 的咖啡糖浆，放入模具内。

**9.** 挤入一半慕斯馅，放入刷有咖啡糖浆的手指饼干。

**10.** 挤入剩余一半慕斯馅抹平，放入冰箱冷冻至凝固。

**11.** 用火枪加热模具侧边脱模。

**12.** 在慕斯表面筛上可可粉，放上各种巧克力配件即可。

# 「提拉米苏」

**冷藏时间：** 60 分钟

**材料 Material**

吉利丁片------4 片
植物鲜奶油200 克
芝士---------250 克
蛋黄---------- 15 克
细砂糖------- 57 克
水---------- 50 毫升
手指饼干----- 适量
可可粉-------- 适量

**工具 Tool**

奶锅，玻璃碗，搅拌器，保鲜袋，擀面杖，模具，筛网，冰箱

## 做法 Make

**1.** 奶锅中倒入细砂糖、水，小火搅拌至溶化。

**2.** 将备好的吉利丁片放入水中，泡软。

**3.** 将泡软的吉利丁片放入奶锅，搅至溶化。

**4.** 加入植物鲜奶油、芝士，搅拌片刻使食材完全溶化。

**5.** 关火，倒入备好的蛋黄，搅拌一会儿，使食材充分混合，制成芝士糊。

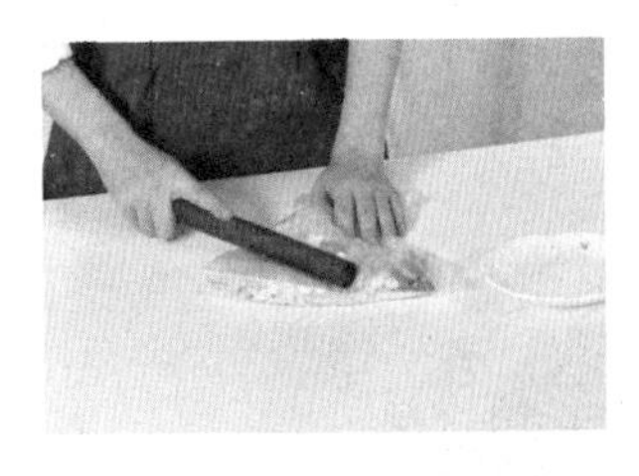

**6.** 取一个保鲜袋撑开，将手指饼干装入，用擀面杖敲打至粉碎。

**7.** 将饼干碎均匀地铺在模具的底部。

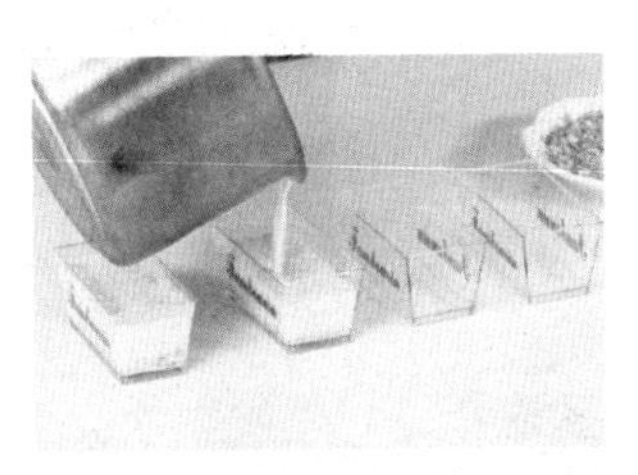

**8.** 倒入调好的芝士糊，放凉后放入冰箱冷藏1小时。取出，将可可粉过筛在蛋糕上，再做上装饰即可。

# 「白巧克力香橙慕斯」

**冷冻时间：**120 分钟

**材料** Material

巧克力蛋糕体 6 份
牛奶------100 毫升
蛋黄---------- 30 克
白砂糖------- 80 克
吉利丁------- 10 克
白巧克力---120 克
淡奶油------477 克
浓缩柳橙泥- 90 克
蛋白---------- 18 克
水------------- 少许

**工具** Tool

搅拌器，锅，裱花袋，长柄刮板，冰箱，模具，保鲜膜

## 做法 Make

**1.** 将牛奶、蛋黄、40 克白砂糖放入锅中，隔水煮至浓稠，加入 4 克泡软的吉利丁拌匀。

**2.** 加入隔水融化的白巧克力，加入打至七成发的 250 克淡奶油拌匀，制成白巧克力慕斯。

**3.** 将 40 克白砂糖加水煮至 118℃，加入蛋白快速搅拌至起发，制作成意大利蛋白霜。

**4.** 浓缩柳橙泥隔水加热至 45℃，加入 6 克泡软的吉利丁搅拌至融化，加入打至六成发的 227 克淡奶油中拌匀，制成柳橙慕斯。

**5.** 用裱花袋装入白巧克力慕斯，挤入模具的一半，铺入一块巧克力蛋糕体，再用裱花袋装入柳橙慕斯挤满模具表面。

**6.** 在表面再铺入一块巧克力蛋糕体，封上保鲜膜放入冰箱冷冻两小时，取出后脱模，放上意大利蛋白霜，做上装饰即可。

# 「绿茶慕斯蛋糕」

制作时间：约 85 分钟

## 材料 Material

牛奶------- 80 毫升
绿茶粉---------5 克
蛋黄---------- 28 克
糖------------ 38 克
吉利丁---------5 克
淡奶油------100 克
炼奶---------- 75 克
熟蜜红豆---- 75 克
新鲜水果----- 适量
透明果胶----- 适量
巧克力配饰-- 适量
绿茶蛋糕体-- 适量
水------------- 少许

## 工具 Tool

搅拌器，玻璃碗，长柄刮板，盆，火枪，慕斯圈，保鲜膜，冰箱，刷子，抹刀

## 做法 Make

**1.** 将蛋黄、糖、2 克绿茶粉、牛奶放入盆中拌匀，再隔热水，快速搅拌煮至浓稠。
**2.** 将用冰水泡好的吉利丁片加入步骤 1 中拌至溶化。
**3.** 将炼奶加入步骤 2 中拌匀，再隔冰水降温至 38℃。
**4.** 将步骤 3 分次加入打发的淡奶油中拌匀。
**5.** 将熟蜜红豆加入步骤 4 中拌匀，即成慕斯馅料。
**6.** 用 20 厘米慕斯圈印一片巧克力蛋糕片待用。
**7.** 用保鲜膜将慕斯圈底包好，放入蛋糕片。
**8.** 将步骤 5 的慕斯馅倒入步骤 7 的慕斯圈中抹平，放入冰箱冷冻凝固。
**9.**3 克绿茶粉与少许水调成绿茶酱，在冻好慕斯表面抹好透明果胶，再抹上绿茶酱。
**10**. 用火枪加热模具侧边脱模。
**11**. 在慕斯蛋糕表面摆上各种新鲜水果及巧克力配饰。
**12**. 最后扫上透明果胶即可。

# 「巧克力慕斯蛋糕」

冷冻时间：120 分钟

看视频学烘焙

## 材料 Material

牛奶------100 毫升
蛋黄------------2 个
黑巧克力---150 克
植物鲜奶油 250 克
细砂糖------- 20 克
鱼胶粉---------8 克
水---------- 30 毫升
饼干---------- 90 克
黄油---------- 15 克

## 工具 Tool

搅拌器, 圆形模具, 勺子, 冰箱, 玻璃碗, 锅, 擀面杖

## 做法 Make

**1.** 把饼干倒入玻璃碗中，用擀面杖捣碎。
**2.** 加入黄油，搅拌均匀。
**3.** 把黄油饼干糊装入圆形模具中，用勺子压实、压平。
**4.** 把水倒入锅中，加入鱼胶粉、牛奶、细砂糖搅匀，用小火煮至溶化。
**5.** 放入黑巧克力，搅拌，煮至溶化。
**6.** 先后加入植物鲜奶油、蛋黄，并分别拌匀，制成慕斯浆。
**7.** 把慕斯浆倒入模具中的饼干糊上，制成慕斯蛋糕生坯。
**8.** 将生胚放入冰箱，冷冻 2 小时至成形。
**9.** 把冻好的慕斯蛋糕取出脱模、装盘即可。